高等职业教育教材

微生物培养与检验

姚骅珊　主编　　方月琴　副主编
顾　准　主审

化学工业出版社
·北京·

内容简介

《微生物培养与检验》为新型活页式教材。编者通过分析企业真实工作过程及人才需求，将岗位必备技能凝练成七个典型项目，以此作为活页式教材设计和编写的基础与依据。这七个项目包括培养基的制备、微生物的形态观察、微生物的接种与分离纯化、食品中菌落总数测定、食品中大肠菌群计数、乳品中乳酸菌检验、环境微生物检验。每个项目均采用"项目→任务→步骤"的宏观结构逻辑进行编写，在具体任务中采用"任务→训练→学习成果→评价→创新"的体例结构，体现了"以学生为中心，以学习成果为导向"的教材开发设计思路。

本书可作为高等职业院校生物技术、制药技术、农产品及食品加工、检验等相关专业的教材，也可供相关行业企业人员培训使用。

图书在版编目（CIP）数据

微生物培养与检验 / 姚骅珊主编；方月琴副主编. -- 北京：化学工业出版社，2024.12. -- （高等职业教育教材）. -- ISBN 978-7-122-47192-5

Ⅰ. Q93-33

中国国家版本馆 CIP 数据核字第 2024EQ9189 号

责任编辑：熊明燕　提　岩　　　文字编辑：刘悦林
责任校对：边　涛　　　　　　　装帧设计：关　飞

出版发行：化学工业出版社
　　　　　（北京市东城区青年湖南街 13 号　邮政编码 100011）
印　　装：中煤（北京）印务有限公司
787mm×1092mm　1/16　印张 15¼　彩插 1　字数 366 千字
2025 年 5 月北京第 1 版第 1 次印刷

购书咨询：010-64518888　　　售后服务：010-64518899
网　　址：http://www.cip.com.cn

凡购买本书，如有缺损质量问题，本社销售中心负责调换。

定　　价：49.80 元　　　　　　　版权所有　违者必究

前言

尊敬的老师：您好！感谢您选择《微生物培养与检验》这本活页式教材。亲爱的同学：您好！欢迎开始学习《微生物培养与检验》这本教程。感谢您抽出宝贵的 5 分钟对本书的结构、内容与使用指南进行阅读。

1. 结构与内容

本书以活页式教材的形式进行编写，不仅在装订方式上有所改变，而且在教材结构和内容设计上也不同于传统教材，是一本体现"以学生为中心"的学习材料。

在学习内容的设置上，本书通过分析企业对人才的需求，依据具体工作过程开发课程内容，将岗位必备技能凝练为七个项目。七个项目由基本技能模块和综合应用模块组成，基本技能模块包含三个项目十六个任务；综合应用模块包含四个项目十五个任务，其中项目四、项目五为综合入门，项目六、项目七为综合进阶。每个项目及具体任务、学习目标如表1所示。

表1 教材内容一览

模块	项目	任务	技能点	素质要点	思政主题	建议课时
模块一	绪论 认识微生物与微生物检验技术	任务一 认识微生物	能概括微生物的概念、分类及特点	1. 勤于思考，自主学习； 2. 严谨、规范	1. 激发对学科的兴趣； 2. 培养劳动素养； 3. 建立安全、环保意识	4
		任务二 微生物命名	能看懂微生物命名			
		任务三 认识微生物检验技术	能正确认识微生物检验的范围和意义			
		任务四 走进微生物实验室	能明确微生物实验室的基本要求	1. 安全意识； 2. 主人翁意识		
模块二 基本技能模块	项目一 培养基的制备	任务一 试管、培养皿等玻璃器皿的准备	1. 能对常用玻璃器皿进行清洗、包扎； 2. 能进行干热灭菌	安全意识，爱护公物	1. 培养爱国热情及社会责任感； 2. 将人民群众的生命安全放在首位	4
		任务二 配制平板计数琼脂培养基	能按照给定配方配制培养基	1. 严谨、规范； 2. 节约		
		任务三 培养基的灭菌	1. 能进行高温高压灭菌； 2. 能归纳消毒和灭菌的常用方法	安全意识，爱护公物		
		任务四 制备平板与斜面	1. 能进行平板和斜面的制备； 2. 能使用超净工作台	爱护公物		
		任务五 培养基的无菌检查	1. 能使用恒温培养箱对培养基进行无菌检查； 2. 能按照基本原则进行无菌操作	1. 严谨、规范； 2. 爱护公物		

续表

模块	项目	任务	技能点	素质要点	思政主题	建议课时
模块二 基本技能模块	项目二 微生物的形态观察	任务一 普通光学显微镜的使用	能使用显微镜观察微生物细胞形态、结构	1.爱护公物；2.耐心、细致	1.培养勇于探索、创新精神；2.保持坚韧不拔，不断追求真理的态度	2
		任务二 细菌的革兰氏染色	1.能归纳革兰氏染色的基本原理；2.能对细菌进行革兰氏染色，并判断结果；3.能描述细菌形态、结构与菌落特点	1.独立思考；2.解决问题		4
		任务三 霉菌的直接制片观察	1.能利用直接制片法观察霉菌形态；2.能描述霉菌形态、结构与菌落特点	耐心、细致		6
		任务四 酵母菌的美蓝浸片观察	1.能利用美蓝浸片法观察酵母菌形态；2.能描述酵母菌形态、结构与菌落特点			
		任务五 扦片法观察放线菌形态	能描述放线菌的形态、结构与菌落特点			
	项目三 微生物的接种与分离纯化	任务一 微生物的接种	能利用斜面接种法进行细菌的接种与培养	1.团队协作；2.及时、客观、实事求是地记录实验数据与现象	1.坚持以祖国人民利益为重；2.保持勇往直前、艰苦奋斗的精神	2
		任务二 微生物稀释倒平板分离	1.能进行土壤样品的梯度稀释；2.能利用稀释倒平板技术分离土壤中微生物；3.能描述稀释倒平板法的特点			6
		任务三 微生物涂布平板分离	1.能利用涂布平板技术分离土壤中微生物；2.能描述涂布平板法的特点；3.能区分不同微生物菌落			
		任务四 微生物平板划线分离	1.能利用平板划线分离技术获得单菌落；2.能描述平板划线分离法的特点			
		任务五 微生物菌种的斜面低温保藏	能进行微生物的斜面低温保藏与甘油管保藏	严谨、规范		2
		任务六 微生物生长曲线的绘制	能测定微生物生长量并绘制生长曲线	团队协作		2
模块三 综合应用模块	项目四 食品中菌落总数测定	任务一 实验准备	1.能查找并正确解读国家标准；2.能准备仪器及足量试剂、耗材	1.团队协作；2.严谨、规范	1.激发对行业的兴趣，树立产业自信；2.培养时代责任感、使命感	4
		任务二 样品的采集与预处理	1.能选择合适的方法对固体、液体样品进行采集；2.能选择合适的方法对固体、液体样品进行预处理；3.能对样品进行梯度稀释			
		任务三 稀释倒平板法培养	能利用稀释倒平板法分离培养微生物			
		任务四 计数与结果计算	1.能对菌落总数进行统计、计算；2.能对菌落总数结果进行判断并出具报告；3.能正确处理实验室废弃物	1.实事求是；2.安全意识、环保意识		2

续表

模块	项目	任务	技能点	素质要点	思政主题	建议课时
模块三 综合应用模块	项目五 食品中大肠菌群计数	任务一 实验准备	1. 能查找并正确解读国家标准； 2. 能准备仪器及足量试剂、耗材	1. 团队协作； 2. 严谨、规范	1. 保持客观、公正的科学态度； 2. 培养社会责任感、使命感	8
		任务二 样品处理	1. 能对样品进行采集与预处理； 2. 能对样品进行梯度稀释			
		任务三 发酵试验	1. 能进行初发酵试验并判断结果； 2. 能进行复发酵试验并判断结果			
		任务四 撰写大肠菌群最可能数（MPN）报告	1. 会检索 MPN 表； 2. 能对大肠菌群计数结果进行判断并出具报告； 3. 能正确处理实验室废弃物； 4. 能看懂常见微生物生理生化试验方案，能进行甲基红实验、吲哚实验并判断结果（定性）	1. 实事求是； 2. 安全意识、环保意识		
	项目六 乳品中乳酸菌检验	任务一 实验准备	1. 能查找并正确解读国家标准； 2. 能准备仪器及足量试剂、耗材	1. 团队协作； 2. 严谨、规范	1. 激发对行业的兴趣，树立产业自信； 2. 培养时代责任感、使命感	4
		任务二 样品处理	1. 能对样品进行采集与预处理； 2. 能对样品进行梯度稀释			
		任务三 样品检验	能按照国家标准规定的方法，在不同培养条件下检验乳酸菌、双歧杆菌、嗜热链球菌			
		任务四 菌落计数与结果计算	1. 能对乳酸菌菌落进行统计、计算； 2. 能对不同种类乳酸菌计数结果进行判断并出具报告； 3. 能正确处理实验室废弃物	1. 实事求是； 2. 安全意识、环保意识		
	项目七 环境微生物检验	任务一 生活饮用水中细菌总数和总大肠菌群的检验	能够检验水中的细菌总数和大肠菌群数，并判断水质优劣	1. 严谨、规范； 2. 安全意识、环保意识	1. 培养对行业的兴趣，树立产业自信； 2. 保持勇于创新，积极进取的态度	4
		任务二 生产车间空气中微生物的检验	能够选用合适的方法检验空气中微生物的数量，并判断空气质量			
		任务三 工作台表面与工人手表面的微生物检验	能够检验物品及皮肤表面微生物数量，并判断相关场所微生物污染状况			

在教材的编排体系上，遵循学习规律，从简单、单一技能逐渐提升为复杂、综合技能，将职业技能转化为职业能力；采用"做中学"规律设计学习路径，以兴趣为出发点，逐步培养学生的自主学习能力、执行力和创造力。在每个项目设计中，采用"项目→任务→步骤"的宏观结构逻辑进行编写，在具体任务中体现为"任务→训练→学习成果→评价→创新"的体例结构，充分体现了"以学生为中心，以学习成果为导向"的教材开发设计思路，弱化"教学材料"的特征，强化"学习资料"的功能，旨在通过教材的引领作用，构建自主学习管理体系。

教材编写体例结构图见图1。

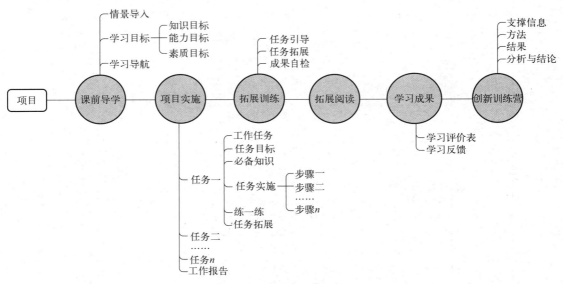

图1　教材编写体例结构图

2. 使用指南

活页式教材能够很好地配合线上、线下混合教学模式。教师课前可在线上学习平台上发布学习任务，同学们根据学习导航和思维导图对各个任务进行自主学习，其中星号★的数量对应着任务的难度，方便同学们提前规划学习重点和时间。

课中着重训练操作技能。同学们在明确任务内容、操作流程和要点后，在问题引导下准备一定数量的实验耗材、试剂，以小组为单位通过团队协作完成任务，获得实验结果或出具检验报告。各位同学作为学习的主体，需要大家在整个环节中发挥主观能动性，锻炼基本技能，逐步熟知检验流程，并对检验报告负责，具备职业道德操守。教师在任务实施过程中需耐心指导并做好有效的教学管理，相信学生并引导他们充分发挥自己的主观能动性，尽可能动员每一位同学融入氛围，参与到实践学习中来。

教学重点及难点会在教学过程中反复出现，并随着出现的顺序难度递增，以这样的方式实现对知识、技能的牢固掌握和熟练应用。同学们可随时通过扫描教材二维码观看操作小视频。教师点评学生完成情况，引领学生逐步提升分析问题、解决问题的能力。教师可借助教材提供的学习评价表进行形成性评价，通过多元评价实现对每一位同学的学习能力、任务完成情况、态度、职业素养、综合德育水平等因素的全面、综合评定。公开的评价标准和明确的学习成果，方便教师了解学生学习进展，帮助同学们在自检学习效果的同时能够看到自己的点滴进步，增强学习信心与动力。

此外，部分项目根据学习需求配有任务拓展和创新训练营，结合项目内容设计具有创新点、创业素养的新问题、新课题，激发同学们深入探究、深度学习的兴趣，逐步培养并提升创新思维与意识。

课后，同学们需要完成教材提供的项目报告、成果总结等反馈学习效果。请大家一定要把成果总结表格充分利用起来，知识和技能从输入到输出的转化被证明是最有效的学习手段之一，哪怕最开始只能写出几个简单的术语、词汇，但一定要坚持写下去，日积月累，一定会有质的飞跃。"练一练"可用于检验学习成果，难度设计上由简入难，从客观题过渡到主观题，从单一知识技能点的考核到综合技能的考核，同时体现职业素养、职业规范等内容，方便教师及时诊断教学问题，高效督促学生跟上学习进度。教师在教学过程中，也可以随时将行业、企业的新技术、新知识、新案例打印后添加在教材相应页面中，以充实、更新教材内容。

最后，希望这本教材可以协助老师们更加有效地实施教学，帮助各位同学学习成功，养成自主学习的好习惯，成长为微生物检验领域的技术能手！

3. 编写人员

本书由专业高校教师、企业技术专家共同完成。本书由苏州健雄职业技术学院姚骅珊担任主编，由苏州健雄职业技术学院的方月琴担任副主编，由苏州健雄职业技术学院的朱志强、苏州厌杰生物科技有限公司的陆豪杰、上海楚豫生物科技有限公司的邢志刚等参与编写。其中，姚骅珊编写了绪论，方月琴编写了项目一，方月琴和陆豪杰编写了项目二和项目六，姚骅珊和朱志强编写了项目三和项目四，姚骅珊和陆豪杰编写了项目五，姚骅珊和邢志刚编写了项目七。本书由苏州健雄职业技术学院的顾准教授担任主审。

本书在编写过程中参阅了近年出版的优秀微生物教材、国家标准、行业规范、企业文件，同时得到了诸多企业技术专家的支持，在此一并表示感谢。

本书力求在结构、内容和学习方法上有所突破，但由于水平有限，难免有疏漏和不足之处，敬请广大读者和同行批评指正，编者将不胜感激。

编者
2024 年 10 月

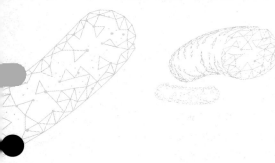

目录

绪论　认识微生物与微生物检验技术	001

课前导学　001
　情景导入　001
　学习目标　002
　学习导航　002
项目实施　003
　任务一　认识微生物★　003
　任务二　微生物命名★　009
　任务三　认识微生物检验技术★　011
　任务四　走进微生物实验室★　013
拓展阅读　019
学习成果总结　021

项目一　培养基的制备　023

课前导学　023
　情景导入　023
　学习目标　023
　学习导航　024
项目实施　025
　任务一　试管、培养皿等玻璃器皿的准备★　025
　任务二　配制平板计数琼脂培养基★★　029
　任务三　培养基的灭菌★　035
　任务四　制备平板与斜面★　041
　任务五　培养基的无菌检查★　045
拓展阅读　048
工作报告　049
学习成果总结　051

项目二　微生物的形态观察　053

课前导学　053
　情景导入　053
　学习目标　053
　学习导航　054
项目实施　055
　任务一　普通光学显微镜的使用★★　055
　任务二　细菌的革兰氏染色★★　059
　任务三　霉菌的直接制片观察★　069
　任务四　酵母菌的美蓝浸片观察★　073
　任务五　扦片法观察放线菌形态★★　077
拓展阅读　081
工作报告　083
学习成果总结　085

项目三　微生物的接种与分离纯化　087

课前导学　087
　情景导入　087
　学习目标　087
　学习导航　088
项目实施　089
　任务一　微生物的接种★　089
　任务二　微生物稀释倒平板分离★　093
　任务三　微生物涂布平板分离★　097
　任务四　微生物平板划线分离★★　103
　任务五　微生物菌种的斜面低温保藏★　107
　任务六　微生物生长曲线的绘制★★　113
拓展阅读　117
工作报告　119
学习成果总结　121

项目四　食品中菌落总数测定　123

课前导学　123
　情景导入　123
　学习目标　123

学习导航	124
项目实施	125
任务一　实验准备★	125
任务二　样品的采集与预处理★	129
任务三　稀释倒平板法培养★	133
任务四　计数与结果计算★★	135
拓展阅读	141
工作报告	145
学习成果总结	147

项目五　食品中大肠菌群计数　153

课前导学	153
情景导入	153
学习目标	154
学习导航	154
项目实施	155
任务一　实验准备★	155
任务二　样品处理★	159
任务三　发酵试验★★	161
任务四　撰写大肠菌群最可能数（MPN）报告★★	163
拓展阅读	167
工作报告	171
学习成果总结	173

项目六　乳品中乳酸菌检验　179

课前导学	179
情景导入	179
学习目标	180
学习导航	180
项目实施	183
任务一　实验准备★	183
任务二　样品处理★	187
任务三　样品检验★★	189
任务四　菌落计数与结果计算★	193
拓展阅读	194
工作报告	197
学习成果总结	199

项目七　环境微生物检验　205

课前导学	205
情景导入	205
学习目标	205
学习导航	206
项目实施	207
任务一　生活饮用水中细菌总数和总大肠菌群的检验★	207
任务二　生产车间空气中微生物的检验★	213
任务三　工作台表面与工人手表面的微生物检验★★	219
拓展阅读	222
工作报告	223
学习成果总结	225

参考文献　229

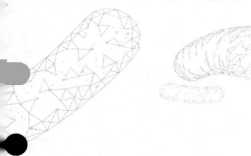

二维码资源目录

序号	资源名称	资源类型	页码
1	微生物基础	视频	006
2	培养皿的包扎	视频	026
3	试管的包扎	视频	026
4	锥形瓶的包扎	视频	026
5	培养基的配制（理论）	视频	031
6	培养基的配制（操作）	视频	031
7	高压蒸汽灭菌锅的使用	视频	036
8	消毒与灭菌	视频	039
9	制备斜面培养基	视频	041
10	显微镜的使用	视频	056
11	细菌的革兰氏染色	视频	061
12	细菌的形态	视频	062
13	细菌的结构	视频	065
14	细菌的二分裂	动画	066
15	霉菌	视频	071
16	酵母菌	视频	076
17	放线菌	视频	079
18	接种环灭菌	动画	091
19	微生物斜面接种	视频	091
20	液体接种技术和穿刺接种技术	PDF	091
21	微生物液体接种	视频、动画	091
22	微生物稀释倒平板分离	视频	095
23	微生物涂布平板分离	视频	099

续表

序号	资源名称	资源类型	页码
24	连续划线法	动画	105
25	四区划线法	动画	105
26	菌种保藏	视频	109
27	微生物生长曲线	视频	114
28	食品菌落总数测定（理论）	视频	127
29	食品菌落总数测定（操作）	视频	127
30	食品样品的采样与处理	视频	132
31	微生物稀释平板计数法	视频	137
32	微生物直接计数法	视频	140
33	大肠菌群生理生化检验	PDF	162
34	MPN 法测定大肠菌群（理论）	视频	165
35	MPN 法测定大肠菌群（操作）	视频	165
36	平板法测定大肠菌群（理论）	视频	166
37	平板法测定大肠菌群（操作）	视频	166
38	乳品中乳酸菌检测（理论）	视频	186
39	乳品中乳酸菌检测（操作）	视频	186
40	乳酸菌的生化鉴定	PDF	194
41	霉菌酵母菌检验（理论）	视频	202
42	霉菌酵母菌检验（操作）	视频	202
43	洁净区人员和设备表面微生物检验实施方案★★★	PDF	227

绪论
认识微生物与微生物检验技术

✿ 课前导学

➡️ 情景导入 ▶▶▶

  微生物是地球上最早出现的生命形式，生命存在的任何一个角落都有微生物的踪迹，其数量不计其数，是地球上生物总量的最大组成部分。微生物与人类社会和文明的发展有着极为密切的关系。早在 4000 多年前，我国劳动人民就已经开始利用微生物酿酒；2000 多年前，古埃及人利用微生物烘制面包和配制果酒；我国汉朝人民用长在豆腐上的霉菌来治疗疮疖等疾病。1928 年，英国科学家弗莱明（Fleming）等发现了青霉素，从此揭开了微生物产生抗生素的奥秘，开辟了世界医疗史上的新纪元。

  微生物与人们的生活密不可分。食品中的面包、奶酪、酸奶、酸菜，发酵饮品如啤酒、酱油、醋等调味品，各种抗生素、维生素和其他微生物药品等都是人类利用微生物进行生产获得的。在人类生产活动中，使用微生物生产酒精，利用微生物制作环境中动植物病原菌的生物防治剂，利用生物杀虫剂代替化学农药，应用微生物对污染环境进行治理与修复，用生物固氮代替化肥，使用硫化细菌采矿等，都与微生物的作用或其代谢产物有关。

  同时，微生物有时也会给人类带来危害。14 世纪中叶，鼠疫耶尔森菌引起的瘟疫导致了欧洲总人数约 1/3 的死亡。人类社会目前仍然遭受着微生物病原菌引起的疾病灾难的威胁。艾滋病、肺结核、牛海绵状脑病、埃博拉出血热、SARS 等疾病不断给人类带来灾难。此外，目前还存在食源性病毒和食物中毒，由此引发的食品安全问题也是一个巨大的、全球性的公共卫生问题。Science 杂志于 2018 年 1 月刊登封面故事——肠道微生物影响肿瘤免疫治疗。

  在绪论中，我们将走进微生物世界，学习它们的分类、特点、命名规律，了解微生物检验和微生物实验室。

学习目标

1. 知识目标

（1）掌握微生物概念、分类及特点；
（2）了解微生物的命名规则。

2. 能力目标

（1）能正确认识微生物检验的范围和意义；
（2）能描述微生物实验室的分级；
（3）能明确微生物实验室的基本要求；
（4）能认识微生物实验室常用仪器设备种类和用途。

3. 素质目标

（1）培养勤于思考、自主学习的习惯；
（2）树立严谨规范的职业素养；
（3）培育劳动素养，增强社会责任感；
（4）建立安全意识，强化主人翁意识。

学习导航

1. 在学习本项目之前，你看过哪些与微生物相关的科普读物和影视作品？这些内容对你认识微生物有帮助吗？你能说出哪些微生物的名字吗？请简单谈谈你对微生物的印象。比如：它们的模样，它们和动植物不一样的地方，它们的种类等。

2. 微生物和我们的生活、社会的发展有什么关系？你能举出一些例子来说明吗？

3. 说到微生物检验，你最先想到的是什么？常见的检验对象有哪些？人类为什么要对微生物进行检验呢？

请结合图 0-1 的学习导航图开始学习吧（图中星号★的数量对应着任务的难度）！

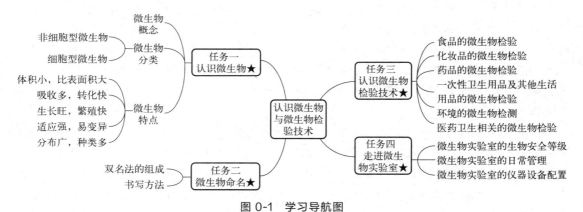

图 0-1　学习导航图

> 项目实施

任务一
认识微生物 ★

> 工作任务

微生物是一把双刃剑，它们在给人类带来巨大利益的同时也带来"残忍"的破坏。要想使微生物更好地为人类服务，必须熟悉微生物的活动规律、生活习性，这是人类认识并利用微生物的主要目标。在本任务中，我们将学习微生物是什么，以及它们的种类和一般特点。

> 任务目标

1. 能表述微生物的概念和分类。
2. 能描述微生物的基本特点。

> 必备知识

一、微生物的概念

微生物是一切肉眼看不见或看不清，通常要用光学显微镜和电子显微镜才能看到的微小生物的总称。它们广泛存在于自然界，形体微小、数量繁多。微生物具有单细胞或简单的多细胞结构，或没有细胞结构，常用微米（μm）甚至纳米（nm）来作计量单位，因此只能在显微镜下放大几百倍或几十万倍才能看清，甚至有些病毒等生物体，即使在普通的光学显微镜下也不能看到，必须在电子显微镜下才能观察到。

二、微生物的分类

微生物包括的类群十分庞杂，根据它们的细胞结构组成和进化水平的差异，可将其分为两大类（图0-2）。

1. 非细胞型微生物

这类微生物没有典型的细胞结构，只由核酸和蛋白质构成，或只含一种成分。它们不能独立生活，只能寄生在活细胞内。病毒、亚病毒（类病毒、拟病毒、朊病毒）都是非细胞型微生物。

2. 细胞型微生物

细胞型微生物是指具有细胞结构的微生物，又根据其细胞结构和复杂性的不同分为原核细胞型微生物和真核细胞型微生物。

（1）原核细胞型微生物　原核细胞是比较低级和原始的一类细胞，其主要特点是细胞分化程度低，没有成形的细胞核，遗传物质散于细胞质中形成核区。除核糖体外，细胞质中没有其他成形的细胞器。最常见和重要的原核细胞型微生物是细菌，还包括支原体、衣原体、

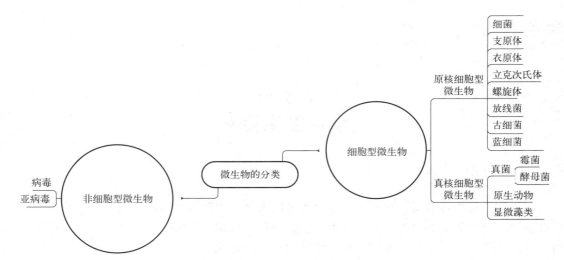

图 0-2 微生物的分类

立克次氏体、螺旋体、放线菌、古细菌、蓝细菌等。

（2）真核细胞型微生物　真核细胞的细胞核分化程度较高，有核膜、核仁和染色体，细胞内有多种不同功能的细胞器。真菌（如霉菌、酵母菌）、原生动物、显微藻类等都是真核细胞型微生物。

三、微生物的特点

微生物由于其个体极其微小，由此形成了一系列与之密切相关的五个重要共性，即：体积小，比表面积大；吸收多，转化快；生长旺，繁殖快；适应强，易变异；分布广，种类多。

1. 体积小，比表面积大

微生物的个体极其微小，必须借助显微镜放大几倍、数百倍、数千倍，乃至数万倍才能看清。图 0-3 是细菌和大头针针尖的大小比对，可以很好地帮助我们正确认识微生物的微小程度。

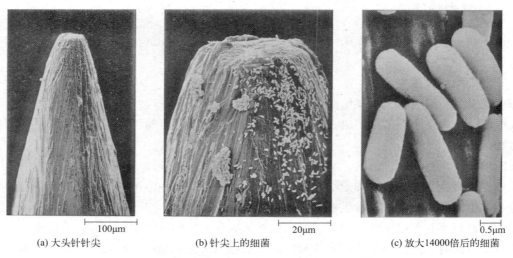

(a) 大头针针尖　　(b) 针尖上的细菌　　(c) 放大14000倍后的细菌

图 0-3　细菌和大头针针尖大小对比（见彩图）

以细菌中的杆菌为例可以形象地说明微生物个体的细小。杆菌的宽度是 $0.5\mu m$，因此 80 个杆菌"肩并肩"地排列成横队，也只有一根头发丝的宽度。杆菌的长度约 $2\mu m$，故 1500 个杆菌头尾衔接起来仅有一粒芝麻长。

我们知道，把一定体积的物体分割得越小，它们的总表面积就越大，可以把物体的表面积和体积之比称为比表面积。如果把人的比表面积值定为 1，则大肠杆菌的比表面积值竟高达 30 万！体积小、比表面积大是微生物与一切大型生物在许多关键生理特征上的区别所在。

由于微生物体积小、比表面积大，因此其具有巨大的营养物质的吸收面、代谢废物的排泄面和环境信息的交换面，并由此产生其余四个共性。

2. 吸收多，转化快

微生物的比表面积大得惊人，所以它们与外界环境的接触面特别大，这非常有利于微生物通过体表吸收营养和排泄废物。因此，它们的"胃口"十分庞大。而且，微生物的食谱又非常广泛，凡是动植物能利用的营养，微生物都能利用，大量的动植物不能利用的物质，甚至剧毒的物质，微生物照样可以视为"美味佳肴"。如大肠杆菌在合适的条件下，每小时可以消耗相当于自身重量 2000 倍的糖，而人要完成这样一个规模则需要 40 年之久。如果说一个 50kg 的人一天吃掉与自己体重等重的食物，恐怕无人会相信。

我们可以利用微生物的这个特性，发挥"微生物工厂"的作用，使大量基质在短时间内转化为大量有用的化工、医药产品或食品，将有害物质转化为无害物质，将不能利用的物质变为植物的肥料，为人类造福。

3. 生长旺，繁殖快

微生物以惊人的速度"生儿育女"。例如大肠杆菌在合适的生长条件下，$12.5 \sim 20$ min 便可繁殖一代，每小时可分裂 3 次，由 1 个变成 8 个；每昼夜可繁殖 72 代，由 1 个细菌变成 4722366500 万亿个（重约 4722t）；经 48h 后，则可产生 2.2×10^{43} 个后代，如此多的细菌的重量约等于 4000 个地球之重。

微生物的这一特性在发酵工业上具有重要意义，可以提高生产效率，缩短发酵周期。

4. 适应强，易变异

微生物具有极其灵活的适应性或代谢调节机制，这是任何高等动植物所无法比拟的。造成这种差异的主要是因为微生物体积小、比面积大。

微生物对环境条件，尤其是地球上恶劣的"极端环境"具有惊人的适应力，如高温、高酸、高碱、高盐、高辐射、高压、低温、高毒等，堪称世界之最。图 0-4 和图 0-5 呈现了极端低温和高温条件下的微生物，很好地证明了它们对环境超强的适应性。

图 0-4　科学家从永冻层分离得到微生物

图 0-5　美国黄石国家公园中大棱镜温泉的颜色受嗜热菌影响（见彩图）

微生物的个体一般都是单细胞、简单多细胞或是非细胞的，它们通常是单倍体，加之具有繁殖快、数量多的特点，并且与外界环境直接接触，因此，即使其变异频率十分低（一般为 $10^{-10} \sim 10^{-5}$），也可在短时间内产生出大量变异的后代。有益的变异可为人类创造巨大的经济效益和社会效益，如产青霉素的菌种产黄青霉菌（*Penicillium chrysogenum*），1943 年，每毫升发酵液仅分泌约 20 单位的青霉素，至今早已超过 5 万单位；有害的变异则是人类各项事业中的大敌，如各种致病菌的耐药性变异使原本已得到控制的传染病变得无药可治，而各种优良菌种生产性状的退化则会使生产无法正常维持等。

5. 分布广，种类多

微生物种类繁多。据估计目前已知的微生物的种类只占地球上实际存在的微生物总数的 20%，所以，微生物很可能是地球上物种最多的一类。微生物资源是极其丰富的，但在人类生产和生活中开发利用的微生物仅占已发现微生物总数的 1%。

微生物基础

任务实施

通过任务一的学习，请借助互联网搜索不同种类微生物的名称，并记录相关事件。

微生物种类	名称	相关事件
原核微生物	例：鼠疫耶尔森菌	鼠疫曾导致人类大规模死亡，特别是中世纪欧洲的"黑死病"，夺去了 2500 万余人的生命
真核微生物		
病毒		

练一练

1. 下列不属于微生物特点的是（　　）。

A. 分布广，种类多　　　　　　　　B. 体积小，生长速度快

C. 易变异 D. 适应能力差

2. 微生物的代谢速度与高等动植物相比快得多，下列叙述中（　　）不是这一生命现象的原因。

A. 细胞表面积与体积的比很大　　B. 与外界环境物质交换迅速
C. 适宜条件下微生物的繁殖速度非常快　D. 微生物酶的种类比其他生物多

3. 下列不属于原核细胞微生物的是（　　）。

A. 支原体　　　　B. 霉菌　　　　C. 螺旋体　　　　D. 放线菌

4. 下列生物不存在细胞壁的是（　　）。

A. 细菌　　　　B. 放线菌　　　　C. 酵母菌　　　　D. 哺乳动物细胞

任务二
微生物命名 ★

工作任务

微生物的名字有俗名和学名两种。俗名是通俗的名字，如铜绿假单胞菌俗称绿脓杆菌，大肠埃希菌的俗名为大肠杆菌等。俗称简洁易懂，记忆方便，但是它的含义不够确切，而且还有使用范围和地区性等方面的限制，为此，每一种微生物都需要有一个名副其实的、国际公认并通用的名字，这便是学名。学名是微生物的科学名称，它主要是按照微生物分类国际委员会拟定的有关法则命名的。学名的命名采用双名法，由拉丁词、希腊词或拉丁化的外来词组成。本任务中，我们一起来了解微生物的双名法命名规则。

任务目标

了解微生物的命名规则。

必备知识

一、双名法的组成

双名法由林奈（Linnaeus）所创立，用两个拉丁字命名一个微生物的种。这个种（以某个"标准菌株"为代表的十分类似的菌株的总体，以群体形式存在）的名称由一个属名和一个种名构成，都用斜体字表示。

二、书写方法

① 属名在前，用拉丁文名词表示，第一个字母要大写，由微生物的构造、形状或由著名的科学家名字而来，用以描述微生物的主要特征。

② 种名在后，用拉丁文形容词表示，全部小写，为微生物的色素、形状、来源、病名或著名的科学家姓名等，用以描述微生物的次要特征。

③ 由于自然界微生物种类繁多，往往会发生同物异名或同名异物的情况，为了避免混乱，故在学名后还要附上首个命名者的名字和命名的年份，用正体字表示。不过在一般情况下使用时，后面正体字部分可省略。如金黄色葡萄球菌（*Staphyloccocus aureus* Rosenbach 1884）常表示为 *Stahyloccocus aureus*，即属名是葡萄球菌属，种名是金黄色。

任务实施

请借助互联网，搜索几种你感兴趣的微生物，并规范地写下它们的名字。

练一练 ▶▶▶

以下是化妆品检验中可能会涉及的三种微生物菌株,请试着分析它们的命名。
1. 金黄色葡萄球菌 [*Staphylococcus aureus*]
2. 生孢梭菌 [*Clostridium sporogenes*]
3. 白念珠菌 [*Candida albicans*]

任务三
认识微生物检验技术 ★

工作任务

微生物检验技术是专门研究微生物与食品、环境、医药等相互关系的技术。研究内容涉及相关微生物的生命活动规律、生理生化特性、形态结构鉴别等内容。在本任务中,我们将了解微生物检验的对象和意义。

任务目标

能概括微生物检验的范围和意义。

必备知识

一、食品的微生物检验

食品提供了维持人类生存必需的物质和能量,其品质的好坏直接关系人们的生存和健康。随着人们生活水平的不断提高,食品安全问题越来越受到人们的重视。在众多食品安全相关项目中,微生物及其产生的各类毒素引发的污染问题备受重视,微生物污染造成的食源性疾病仍是世界食品安全中最突出的问题。

我国卫生部（现称国家卫生健康委员会）颁布的食品微生物指标有菌落总数、大肠菌群和致病菌三项。参见项目四和五的食品的微生物检验。

二、化妆品的微生物检验

微生物混入化妆品的途径有：原料本身即带有微生物；制造过程中混入；盛装容器本身的污染及使用化妆品者的不良习惯。微生物指标是化妆品等生活用品卫生质量合格与否的重要影响因素。

目前我国对进出口化妆品规定按《化妆品安全技术规范》（2015年版）进行检验,它较GB 7918.1—87《化妆品微生物标准检验方法 总则》有明显的改进。对于化妆品中微生物的检验,其一是检验原料和产品中微生物数量是否达到执行标准的要求,例如细菌总数测定、粪大肠菌群（耐热大肠菌群）测定、铜绿假单胞菌测定、金黄色葡萄球菌测定等；其二是检验用于化妆品和药品中的防腐剂的防腐效能。

三、药品的微生物检验

药品的微生物检验方法包括药品无菌检查、微生物限度检查。在进行药品无菌检查或微生物限度检查时,应采用《中华人民共和国药典》规定的方法进行检验,并确认供试品所采用检查方法和检验条件对微生物无抑菌作用或抑菌作用忽略不计,以保证药品所污染的微生物能充分检出。

四、一次性卫生用品及其他生活用品的微生物学检验

一次性卫生用品可按一次性使用卫生用品标准进行微生物检验。检测项目包括菌落总数、真菌总数、大肠菌群和致病菌的检验。其他生活用品按照有关标准进行检验。

五、环境的微生物检验

微生物对各类产品的污染以及对人畜的感染途径是多方面的,其中空气、水、人和动物、用具及杂物等环境因素的污染不容忽视。

1. 空气洁净度的微生物检验

对公共场所的卫生检验可按 GB/T 18204.3—2013《公共场所卫生检验方法 第 3 部分:空气微生物》进行现场采样、测定。公共场所的微生物检验主要检测空气中细菌总数、真菌总数等。对食品、制药、医院的洁净室、车间、室内环境等空气中微生物的检验可按相关标准进行细菌总数和某些致病菌的检验。

2. 水质的微生物检验

目前世界各国对饮用水的卫生质量检测,除采用大肠菌群等指标外,一般还采用细菌总数这个指标。大肠菌群是指示水质受粪便污染的指示菌,细菌总数指示水体受污染物污染的情况。GB 5749—2022《生活饮用水卫生标准》中规定生活饮用水细菌总数每毫升不得超过 100 个,大肠菌群每 100 毫升不应检出。参见项目七环境微生物检验。

六、医药卫生相关的微生物检验

大多数微生物对人类和动植物有益或无害,只有少数可引起人类或动植物病害,如伤寒、痢疾、脊髓灰质炎、天花、口蹄疫、禽流感、牛海绵状脑病、鼠疫等。具有致病性的微生物称病原微生物,是医学卫生微生物研究的主要对象,研究其以寻找出合适的微生物检验方法与特异性防治措施,研究目的是分析、控制、消灭传染病和微生物相关的其他疾病,指导感染性疾病的诊断、治疗和预防,保障人类健康。

任务实施

请借助互联网查阅微生物学家巴斯德、科赫的故事,向你的同桌介绍他们为微生物学和微生物检验做出的贡献。

 练一练

1.(　　)建立了微生物分离与纯化技术。
A. 列文·虎克　　　B. 巴斯德　　　　　C. 科赫　　　　　　D. 李斯特
2. 巴斯德采用曲颈瓶试验来(　　)。
A. 驳斥自然发生说　　　　　　　B. 证明微生物致病
C. 认识微生物的化学结构　　　　D. 提出细菌和原生动物分类系统
3. 下列对微生物检验描述正确的是(　　)。
A. 微生物检验应根据相应国家标准开展
B. 食品和药品所检验的微生物指标是一样的
C. 水质微生物检验属于食品微生物学检验的一类
D. 大部分化妆品中含有防腐剂,因此微生物检验无关紧要

任务四
走进微生物实验室 ★

工作任务

微生物实验室是进行微生物培养和检验的必备条件，其建设和设计的主要目的是为微生物的培养、检验提供一个安全、规范、适宜的场所。在本任务中，我们将了解微生物实验室的安全等级分类、管理，以及常用仪器配置。

任务目标

1. 能描述微生物实验室的生物安全等级特征。
2. 明确使用微生物实验室的基本要求。
3. 了解微生物实验室常用仪器设备种类。

必备知识

一、微生物实验室的生物安全等级

为了更好地适应不同微生物研究和实验的需求，确保实验人员安全和实验结果的准确性，根据微生物的危害程度和实验操作的复杂性，微生物实验室通常被分为一级、二级、三级和四级四个等级（一般称为 P1、P2、P3、P4 实验室，其中 1 级最低，4 级最高），不同等级的实验室需要采取不同的安全措施和防护设施。

1. **一级微生物实验室**

一级微生物实验室是开放程度最高的实验室，通常用于教学和研究，涉及对人体健康或环境无害或危害较低的微生物。这类实验室通常不需要特殊的防护设备和设施，只需基本的实验设备和操作规范。

2. **二级微生物实验室**

二级微生物实验室通常用于基础研究和应用研究，涉及对人体、动植物或环境具有潜在危害的微生物。这类实验室需要采取一定的安全措施，如使用生物安全柜、防护服等，以确保实验人员安全和实验结果的准确性。

3. **三级微生物实验室**

三级微生物实验室是封闭程度较高的实验室，通常用于高度危险病原体的研究、诊断和检测。这类实验室需要采取严格的安全措施和防护设施，如高级别的生物安全柜（biosafety cabinet，BSC）、负压实验操作台等，以确保实验人员安全以及防止病原体泄漏。

4. **四级微生物实验室**

四级微生物实验室是最高级别的实验室，用于处理具有极高危害性的病原体，如埃博拉病毒、马尔堡病毒等。这类实验室需要采取最严格的安全措施和防护设施，如负压隔离器、全封闭防护服等，以确保实验人员安全以及防止病原体泄漏。

根据《生物安全实验室建筑技术规范》，P2 实验室宜实施一级屏障和二级屏障，而 P3 和 P4 实验室必须设置一级屏障和二级屏障。一级屏障保障了实验操作者与被操作对象之间的隔离，包括生物安全柜和正压防护服等。二级屏障则是保障了生物安全实验室与外部环境的隔离，包括换气系统等，如表 0-1 所示。在进入高等级实验室前，人员需要经过多道程序，包括外更衣间、淋浴间、内更衣间、缓冲间等，从外面进到实验室内部可能需要 20～30min。因此，实验室工作人员在上岗前都需要接受严格的培训，上岗后必须确保遵守使用流程。为了使科研人员与潜在的病原隔离，对于 P2 级别及以上的实验室，按照规定须配备有生物安全柜，操作有危险的病原都需要在柜内完成。

表 0-1 生物实验室分级和安全设备配置

危害分级	生物安全防护水平	实验室操作	安全设备
Ⅰ级四类	BSL-1	标准的微生物操作技术	开放式工作台、洗手池
Ⅱ级三类	BSL-2	1.标准的微生物操作技术以及防护服、手套，若需要则采取面部保护措施；2.限制进入、生物危险警告标志、"锐器"安全措施、生物安全手册等	开放式工作台、洗手池，以及高压灭菌器、Ⅰ级或Ⅱ级生物安全柜、冲洗眼装置
Ⅲ级二类	BSL-3	同 BSL-2，加：1.专用的防护服，若需要则采取呼吸保护措施；2.受控的入口、定向的气流	Ⅱ级或Ⅲ级生物安全柜、高压蒸汽灭菌器、紧急装置
Ⅳ级一类	BSL-4	同 BSL-3，加：入口气闸室、出口淋浴室及专门的废弃物处理	Ⅲ级生物安全柜，或Ⅱ级生物安全柜与正压防护服配合

注：BSL（biosafety level）为生物安全等级。

我国已有从事人间传染病原微生物研究的 P3、P4 实验室 63 个，P2 实验室 4.6 万个。2018 年 1 月武汉国家生物安全（四级）实验室顺利通过国家卫生和计划生育委员会实验室活动资格和实验活动现场评估，成为我国首个正式投入运行的 P4 实验室，见图 0-6。该实验室于 2003 年由中国科学院决定启动建设，是我国重要的大科学工程装置。实验室采用不锈钢钢板建设，用激光焊接的方式保证密封性和抗压性。不同实验室间保持着负压梯度，除工作人员外，实验室产生的空气、液体和固体废弃物都要进行处理，防止病原流出。为避免病原与人体接触，工作人员通过自带呼吸系统的正压防护服与外部进行物理隔离，如图 0-7 所示。

图 0-6 武汉 P4 实验室

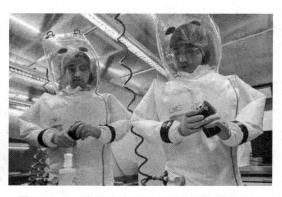

图 0-7 P4 实验室内研究人员身着正压防护服

对实验室生物安全等级和设计感兴趣的同学可以查阅 GB 19489—2008《实验室 生物安全通用要求》、GB 50346—2011《生物安全实验室建筑技术规范》等有关实验室管理法规和技术规范，从多个方面了解我国生物安全实验室的设计、建造、检测及验收过程。

二、微生物实验室的日常管理

实验室管理是所有实验人员共同的责任，每位实验人员都应对实验室的正常和安全运转负责，自觉遵守实验室的规章制度和管理办法，养成良好的实验习惯，为高效完成实验任务打下基础。

1. 实验室人员行为规范

① 每位同学都应以主人翁精神参与实验室的维护与管理，积极实验，认真做好值日劳动。

② 实验室内严禁饮食。

③ 实验室禁止大声喧哗、打闹。

④ 进入实验室须穿着洁净实验服，禁止穿拖鞋。

2. 实验设备及耗材管理

① 爱护仪器设备，节约用水、电及实验材料等，注意安全，加强安全防范意识。

② 实验设备按指定位置摆放，确需移动位置时，必须经老师同意，使用后应及时整理复原。

③ 严格遵守各种仪器的操作规程和登记制度，凡对拟使用的仪器的操作无把握者，务必请教老师。发现仪器故障时，应立即向老师报告，以便及时维修。

④ 各通电设备在使用完毕后，应切断电源，以保证安全。

⑤ 使用玻璃器材应轻拿轻放，使用后应及时洗涤干净并放回原处。

3. 实验室药品管理

① 同种药品或试剂使用完后再开启新瓶，药品使用完后放回原处。

② 实验药剂容器都要有标签，标签上要注明溶液名称、浓度、配制者姓名、配制日期等信息，如表 0-2 所示；无标签或标签无法辨认的试剂都要当成危险物品报告老师，不可随便乱扔，以免引起严重后果。

表 0-2 一般试剂溶液标签

溶液名称		配制日期	
溶液浓度		有效日期	
配制人			

4. 实验室安全管理

① 实验时应小心仔细，全部操作应严格按照操作规程进行，万一遇有盛菌试管或瓶不慎打破、皮肤灼伤等意外情况发生时，应立即报告老师，及时处理，切勿隐瞒。

② 涉及挥发性、刺激性及有毒试剂的操作必须在通风橱内进行；进行有毒、有害、有刺激性物质或有腐蚀性物质操作时，应戴好防护手套，在特定实验台上操作，不要污染其他工作台。

③ 实验过程中，切勿使乙醇（酒精）、丙酮等易燃药品接近火焰。如遇火险，应先关掉

电源,再用湿布或沙土掩盖灭火。必要时用灭火器。

④ 实验室产生的废弃物,应按照要求妥善处理,不可随意倒入水池或垃圾桶。

⑤ 最后离开实验室的同学,需做好安全检查工作,检查仪器电源、空调、水、门、窗等是否关好。

5. 实验室卫生管理

① 实验台。实验结束后,清洗实验用品,清理实验台面及区域,保持整洁,养成良好的实验习惯,及时处理实验过程中使用过的器皿、废液、废物等。

② 超净工作台。每次使用前后需用消毒液清洁超净工作台,清洁方法应由上往下,由内往外擦拭。消毒液配制方法见表0-3。

表 0-3 微生物实验室常用消毒剂及其配制

消毒液名称	用途	配制方法	使用期限
75%乙醇	擦拭设备表面	量取95%浓度的乙醇,用纯水稀释至75%浓度,混匀	七天
0.1%新洁尔灭	擦拭地面及台面	用量筒量取5%新洁尔灭100mL,用纯水稀释至2500mL,混匀	一个月
84消毒液	擦拭地面及台面	按所用84消毒液瓶身标签的稀释方法1∶55配制所需量,混匀	一个月

③ 仪器设备。使用完后,要及时清理,盖上仪器罩。保持仪器设备干净、无尘。

④ 水池及水池柜体内面和地面。值日生要负责清洁水池及水池柜体内面和地面。固形物(如固体培养基等)严禁倒入水池。

⑤ 学习区域。学习区域应保持整洁,各种杂物和废弃物应及时清理。进入实验室的每位同学应注意公共卫生,不准随意丢弃杂物废纸等,影响实验室环境卫生。

三、微生物实验室的仪器设备配置

开展微生物培养和检验实验,离不开状态良好的仪器设备。实验室必备的仪器设备有以下几类。

1. 保证无菌环境的设备

在微生物常规实验中需配备生物安全柜和超净工作台。生物安全柜和超净工作台是实验室中的主要隔离设备,可有效防止有害悬浮微粒的扩散,为操作者、样品以及环境提供安全保护。超净工作台是在操作台的空间局部形成无菌状态的装置,它是基于层流设计原理,通过高效过滤器以获得洁净区域;它对操作者没有保护作用,但所形成的局部净化环境可避免操作过程中污染杂菌的可能。因此,超净工作台只能被应用于非危险性微生物的操作,例如用于药品、微生物制剂、组织细胞等的无菌操作。和生物安全柜相比,超净工作台具有结构简单、成本低廉、运用广泛的特点。生物安全柜能够为实验室人员、公众和环境提供最大限度的保护,主要针对感染性材料的处理,通过生物安全柜特殊的空气净化循环系统保护操作者、公众、样品和环境的安全性。

2. 微生物灭菌设备

在微生物实验室中,用于灭菌的设备通常为高压蒸汽灭菌锅或用于干热灭菌的干燥箱。高压蒸汽灭菌器是应用最广、效果最好的灭菌锅,广泛用于培养基、稀释剂、废弃培养物等的灭菌，目前大部分高压灭菌锅具有自动过程控制。干燥箱主要用于金属、玻璃器皿等的灭菌。

3. 微生物培养设备

微生物培养设备主要分为恒温培养箱、恒温恒湿培养箱、低温培养箱、微需氧培养箱、厌氧培养箱等。

4. 样品、试剂保存的设备

保存设备主要为冰箱和冰柜。冰箱分为冷藏和冷冻两部分，冰箱冷藏温度为 2~8℃，可以保存培养基、菌种、某些试剂、药品等；冰箱冷冻温度和冰柜冷冻温度一般在 −18℃ 以下，可以用于样品的保存。此外，超低温冰箱的温度可以达到 −70℃ 以下，可用于菌种的保存。

5. 显微镜

常用的显微镜主要有普通光学显微镜、荧光显微镜、相差显微镜等。一般在观察细菌、酵母菌、霉菌和放线菌等较大微生物时，可应用普通光学显微镜。荧光显微镜主要用于观察带有荧光物质的微小物体或经荧光染料染色后的微生物。相差显微镜主要用于观察活的微生物的细胞结构和鞭毛运动等。

6. 天平

实验室常用的天平有电子天平，常用于培养基、样品的称量。实验室最好配备几台量程、精确度不同的天平，以备不同场合使用。

7. 水浴锅

水浴锅可以直接用于微生物的培养，也可用于培养基灭菌后的保温等。

8. pH 计

pH 计主要用于培养基或其他试剂、样品酸碱度的测量。

9. 纯水仪

纯水仪主要用于制备去离子用水。

任务实施

一、了解微生物实验室的分级与管理

图 0-8 和图 0-9 展示了典型的一级、二级生物安全水平实验室场景，请结合所学内容分析它们的不同之处。如果你是实验室的负责人，你会如何管理实验室以便高效、安全地开展微生物检验呢？

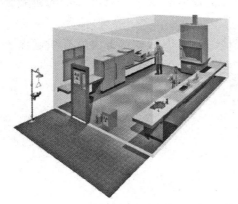

图 0-8　一级生物安全水平实验室

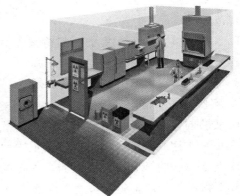

图 0-9　二级生物安全水平实验室

二、认识微生物实验室常见仪器设备

你所在的微生物实验室具有哪些仪器设备呢？请在表 0-4 中记录它们的信息。

表 0-4 微生物实验室主要设备的清单

仪器名称	型号/规格	数量	生产厂家

练一练

1. 进行不会导致实验人员和动物发病的细菌、真菌和寄生虫等生物的研究，适宜选择（　　）实验室。

　　A. 一级　　　　　　B. 二级　　　　　　C. 三级　　　　　　D. 四级

2. 下列关于实验室生物安全等级说法错误的是（　　）。

　　A. 对于 P2 级别及以上的实验室，按照规定须配备有生物安全柜，操作有危险的病原体都需要在柜内完成

　　B. 微生物实验室通常被分为一级、二级、三级和四级四个等级，其中一级最高，四级最低

　　C. 一级实验室通常用于教学，不需要特殊的防护设备和设施，只需基本的实验设备和操作规范

　　D. 在进入高等级实验室前，实验室人员需要接受严格的培训，上岗后必须确保遵守使用流程

3. 下列关于实验室的使用错误的是（　　）。

　　A. 实验完毕后清理台面

　　B. 实验前检查药品保质期

　　C. 值日生用 0.1% 的新洁尔灭拖地

　　D. 为了尽快完成任务，在实验室内吃饭

4. 下列不属于微生物实验室常用仪器设备的是（　　）。

　　A. pH 计　　　　　　　　　　　　B. 高压蒸汽灭菌锅

　　C. 培养箱　　　　　　　　　　　　D. 离心机

拓展阅读

微生物培养皿艺术大赛

艺术在科学的加持下，在培养皿的方寸之地，微生物可以展现大自然的磅礴隽秀、祖国的悠久历史、生活中的百感交集乃至科学技术的日新月异。

1. 微生物培养皿艺术大赛介绍

创作微生物培养皿艺术一直是微生物实验室工作人员喜爱的活动。2016年美国微生物学会ASM别出心裁地举办了首届微生物培养皿艺术大赛，吸引了全世界的微生物学家和艺术家竞相参与，并角逐出了冠、亚、季军和最受欢迎奖。

在这次比赛中，参赛者使用琼脂在培养皿内培养微生物。微生物种类可自由选择，然后让它们繁殖，并引导它们长成各种形式，最后再涂上色彩。看上去，如同精美的艺术品，让人啧啧称奇。

来自美国的微生物学家Mehmet Berkmen和艺术家Maria Penil摘下了冠军。他们的参赛作品名为"神经元"，把嗜碱细菌放在30℃的环境下培养了足足两天，然后再用环氧树脂胶封印，整个作品色彩斑斓［图0-10（a）］。

亚军作品则别出心裁地利用多种细菌再现了纽约曼哈顿。它的创作者——一个社区学校的生物老师说："纽约是文化的大熔炉，不同种族都能在此找到一席之地，而细菌之间，同样也存在着这种美妙的共生关系。"［图0-10（b）］

季军作品名为"丰收季"，创作者是阿根廷的一名实验室研究员。她用在面包、红酒和啤酒制作过程中的关键酵母，描绘了一个充满诗意的田园场景，作品质地仿佛油画［图0-10（c）］。

(a) 冠军作品——神经元　　(b) 亚军作品——纽约曼哈顿　　(c) 季军作品——丰收季

图0-10　首届微生物培养皿艺术大赛获奖作品

2. 培养皿作画的原理和方法

亚历山大·弗莱明（1881—1955）是青霉素的发现者，他的发现直接开启了人类对抗细菌感染疾病的道路，但鲜为人知的是，他还是微生物培养皿艺术的早期创作者之一。

培养皿作画是以细菌或真菌为颜料，以培养基平板为画布。因此培养基和"颜料"的选择是培养皿作画的关键。绝大部分细菌是无色的，只有极少部分细菌在特定的培养基上会产生色素并显现出颜色，如金黄色葡萄球菌可以产生黄色色素，铜绿假单胞菌可以产生青色色素等；还有某些细菌可以分泌相应蛋白呈现颜色，如透明颤菌可以表达血红蛋白使菌落呈现粉红色。

微生物学家为了鉴别各种细菌，发明了各种各样的显色培养基。每种显色培养基中有特定的显色底物（通常为无色），它是根据目标菌所特有的糖苷水解酶（或氨基肽酶），将发色或荧光分子与糖分子通过糖苷键连接合成得到的，将其添加于培养基中，当目标细菌分解该底物后，就能释放出发色物质或者荧光基团，使目标菌着色或发出荧光。培养基的成分直接决定了菌的生长状态。如加些酵母粉可以使菌落长得更大，胨可以促进细菌分泌酶量增强，进而影响菌落颜色。在了解了这些基本原理之后，我们就可以开始创作一幅培养皿画作了！图 0-11 为微生物学家在绘制参赛作品。

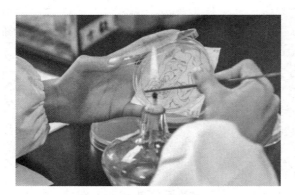

图 0-11　参赛者在绘制作品

3.我国的微生物培养皿艺术大赛

我国自 2017 年举办第一届"中国微生物培养皿艺术大赛"后，全国各大高校及科研院所都会定期举办相关赛事，有效地激励广大学者、学生参与科普创作，推动微生物学知识科普，展示微生物多姿多彩的"微"美世界，促进科学、人文与艺术融合，涵养审美情趣，很好地提升了学生的科研实践能力及创新精神。让我们一起来欣赏这些风格浓烈、栩栩如生的画作吧（图 0-12）！有兴趣的同学们可以上网搜索相关资料，期待在不久的将来欣赏到你们的佳作！

图 0-12　微生物培养皿艺术大赛作品

学习成果总结

○ **导图输出**

请尝试用思维导图对绪论内容的知识点进行整理、归纳。

○ **学习反馈**

● 学习成果小结 ☐ 能描述微生物的概念 ☐ 能归纳微生物的分类和特点 ☐ 能看懂微生物的命名 ☐ 能明确微生物检验的范围和意义 ☐ 能描述微生物实验室的安全等级及特征 ☐ 能列举微生物实验室需配备的仪器设备	● 重难点总结 你可以整理一下本项目的重点和难点吗？请分别列出它们。 重点1. 重点2. 重点3. 难点1. 难点2. 难点3.

● 收获与心得

1. 通过绪论的学习，你有哪些收获？

2. 在绪论学习结束时，还有哪些关于微生物的疑惑呢？

项目一
培养基的制备

课前导学

情景导入 ▶▶▶

被尊称为"细菌学之父"的德国科学家罗伯特·科赫（Robert Koch）生于1843年，除了在病原体的确证方面做出了奠基性工作外，他创立的微生物学方法一直沿用至今，为微生物学作为生命科学中一门重要的独立分支学科奠定了坚实的基础。

科赫因发明固体培养基而闻名，他从变坏的土豆片得到启发，通过显微镜观察发现，土豆片上每个斑点是由不同的细菌组成的，因此他想到利用固体物质困住细菌，便于显微观察。之后，科赫尝试用琼脂来培养细菌。发现琼脂冷却后凝固成胶胨，适合作为培养基。几天后，琼脂表面产生了一些小点，这每一个小点就是一群细菌，它们繁殖起来积集在一起，成为一个菌落。这种方法成为研究细菌的重要方法之一，至今仍被广泛使用，称为"固体培养基"。

在实验室内对微生物进行培养和检验，给微生物创造一个合适的生长条件是必不可少的。在项目一中，我们将学习培养基的制备、灭菌与使用，此外还将认识微生物培养过程中常见的玻璃仪器，学习它们的清洗、包扎和灭菌方法。

学习目标 ▶▶▶

1. 知识目标

（1）了解微生物的营养需求；

（2）掌握培养基的概念、类型和用途；

（3）掌握灭菌、消毒的概念和区别。

2. 能力目标

（1）能对常用玻璃器皿进行清洗、包扎和干热灭菌；

（2）能按照给定配方配制培养基；

(3) 能根据情况进行灭菌和消毒操作；
(4) 能进行平板和斜面的制备；
(5) 能按照基本原则进行无菌操作；
(6) 会使用高压蒸汽灭菌锅、超净工作台、恒温培养箱。

3. 素质目标

(1) 具备严谨规范、精益求精的工匠精神；
(2) 树立安全、节约、爱护公物的意识，增强社会责任感；
(3) 培养奉献精神，能够将人民群众生命安全放在首位。

学习导航 ▶▶▶

1.通过互联网查找常见培养基的种类和分类方法；如果需要对大肠杆菌进行培养，你会选择哪种培养基呢？请写出它的配方。

2.如果需要配制一款培养基，你需要准备哪些玻璃器皿和仪器呢？

3.培养基的配制和你在化学课上配制试剂的步骤一样吗？有哪些不同之处？

4.你了解灭菌、消毒、无菌的概念吗？利用互联网了解一下相关知识，思考一下借助什么方法或工具可以实现它们。

请结合学习导航图 1-1 所列出的任务（图中星号★的数量对应任务的难度）开始本项目内容的学习吧！

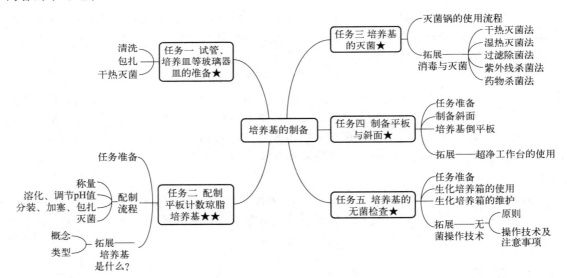

图 1-1 培养基的制备学习导航图

项目实施

任务一
试管、培养皿等玻璃器皿的准备 ★

工作任务

在制备培养基之前,需要清洗、包扎、灭菌相关玻璃器皿。本任务为培养基的制备实验准备相应的玻璃器皿。

任务目标

1. 能说出微生物实验常用的玻璃器皿及其用途。
2. 能正确清洗试管、培养皿、锥形瓶等玻璃器皿。
3. 能对试管、培养皿、锥形瓶等玻璃器皿进行正确包扎,并准备灭菌。

任务实施

一、玻璃器皿的清洗

（一）新玻璃器皿的洗涤

新购置的玻璃器皿含游离碱较多,应在酸溶液内先浸泡2~3h。酸溶液一般用2%的盐酸溶液或洗涤液。浸泡后用自来水冲洗干净。

（二）使用过的玻璃器皿的洗涤

1. 试管、培养皿、锥形瓶、烧杯等

可用瓶刷或海绵蘸上洗衣粉或去污粉等洗涤剂刷洗,然后用自来水充分冲洗干净。洗衣粉和去污粉较难冲洗干净而常在器壁上附着一层微小粒子,故要用水多次甚至十次以上充分冲洗。然后倒置于室内晾干。急用时可放烘箱烘干。

装有固体培养基的器皿应先将其刮去（注意培养基不可直接丢弃在水池中,会造成堵塞）,然后洗涤。带菌的器皿在洗涤前应先浸泡在2%来苏尔或0.25%新洁尔灭消毒液内24h后,再用上述方法洗涤。带病原菌的培养物一定先进行高压蒸汽灭菌,再进行洗涤。

2. 吸过血液、血清、糖溶液或染料溶液等的玻璃吸管

使用后应立即投入盛有自来水的量筒或标本瓶内,以免干燥后难以冲洗干净。吸过含有微生物培养物的吸管应立即投入盛有2%来苏尔或0.25%新洁尔灭消毒液的量筒或标本瓶内,24h后方可取出冲洗。

3. 用过的载玻片或盖玻片

如载玻片或盖玻片滴有香柏油,要先用皱纹纸擦去或浸在二甲苯内摇晃几次,使油垢溶解,然后在皂水中煮沸5~10min,用软布或脱脂棉擦拭,再立即用自来水冲洗,之后放洗

涤液中浸泡0.5～2h，用自来水冲去洗涤液，最后用蒸馏水冲洗数次，待干燥后浸于95％乙醇中保存备用。使用时在火焰上烧去乙醇。

检查过活菌的载玻片或盖玻片应先在2％来苏尔或0.25％新洁尔灭溶液中浸泡24h，然后按上法洗涤保存。

二、玻璃器皿的包扎

1. 培养皿的包扎

培养皿常用牛皮纸或报纸包紧，一般5～8套培养皿一包，包好后进行灭菌。

2. 吸管的包扎

准备好干燥的吸管，在距其粗头顶端约0.5cm处塞一段约1.5cm长的棉花，以免操作时杂菌吹入，或不慎将微生物吸出管外。棉花要塞得松紧恰当，过紧则吹吸液体太费力；过松则吹起时棉花会下滑。然后分别将每支吸管尖端斜放在报纸条的近左端，与报纸呈45°角，并将左端多余的一段纸复折在吸管上，再将整根吸管卷入报纸，右端多余的报纸打一小结（图1-2）。多根包好的吸管再用一张打包纸包好，进行干热灭菌。

培养皿的包扎

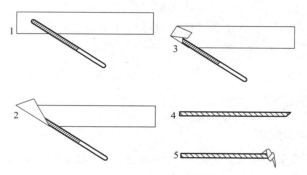

图1-2 吸管包扎的步骤和方法

3. 试管和锥形瓶的包扎

试管管口和锥形瓶瓶口塞以硅胶塞，然后在硅胶塞与管口或瓶口的外面用两层牛皮纸包好，再用细线扎好，进行灭菌。

空的玻璃器皿一般进行干热灭菌，若用硅胶塞或塑料试管帽，则应进行湿热灭菌。

试管的包扎

锥形瓶的包扎

三、玻璃器皿的干热灭菌

1. 装入待灭菌物品

将包好的待灭菌物品（培养皿、试管、吸管等）放入电烘箱内，物品不要摆得太挤，以免妨碍热空气流通。同时，灭菌物品也不要与电烘箱内壁的铁板接触，以防包装纸起火。

2. 升温、恒温

关好电烘箱门，插上电源插头，打开开关，设定灭菌温度（160～170℃）及时间（2h），让温度逐渐上升，此时红灯亮，直到绿灯亮时，表示箱内已达到恒温，保持2h。

3. 降温

灭菌结束，切断电源，自然降温。

4. 开箱取物

待电烘箱内温度降到70℃以下时，打开箱门，取出灭菌物品。注意电烘箱温度未降到70℃时，切勿自行打开箱门，以免玻璃器皿炸裂。

练一练

1. 干热灭菌法需_____仪器，设置的温度是_____℃，时间为_____。
2. 下列物品适合用干热灭菌法的是（　　）。
　A. 培养基　　　　B. 空气　　　　C. 玻璃器皿　　　　D. 抗生素
3. 实验室的玻璃器皿如何清洗与包扎？
4. 实验室里的培养皿中有细菌培养物，这种情况下如何清洗？

任务二
配制平板计数琼脂培养基★★

工作任务

某检验机构将对某食品公司的产品抽样，进行菌落总数测定，检验之前要将所需平板计数琼脂培养基（plate counting agar，PCA）制备好，以便检验快速、顺利地进行。PCA 培养基在标准 GB 4789 系列（食品微生物学检验）中用于菌落总数测定。

配制培养基有多种方法可以选择，一是购买培养基中所有化学药品，按照需要配制；二是购买商品化、混合好的培养基基本成分粉剂，如牛肉膏、蛋白胨等。目前很多公司提供商品化培养基成品，在实验室中称量后加适量的水并进行灭菌即可，如营养琼脂培养基。本任务将采用方法一，按需依次称取各组分后进行配制。

任务目标

1. 能根据工作任务要求，查找培养基的营养配方。
2. 能够依据实验要求，熟练配制相应的培养基。

任务实施

一、任务准备

1. 设备和材料准备

请对照下表准备所需物品，并在准备好的物品前面打钩：

- ☐ 电子天平（精确至 0.1g）
- ☐ 药匙
- ☐ 试管
- ☐ 量筒
- ☐ pH 试纸（pH 值为 7.0±0.2）
- ☐ 记号笔
- ☐ 牛皮纸
- ☐ 称量纸
- ☐ 锥形瓶（250mL）
- ☐ 烧杯
- ☐ 玻璃棒
- ☐ 硅胶塞
- ☐ 棉线
- ☐ 高压蒸汽灭菌锅

2. 试剂

请对照下表准备所需试剂，并在准备好的试剂前面打钩：

- ☐ 胰蛋白胨
- ☐ 葡萄糖
- ☐ 1mol/L NaOH
- ☐ 蒸馏水
- ☐ 酵母浸膏
- ☐ 琼脂
- ☐ 1mol/L HCl

二、PCA 培养基的配制

1. 称量

PCA 培养基是一种应用广泛的细菌基础培养基,其配方如下:胰蛋白胨 5.0g,酵母浸膏 2.5g,葡萄糖 1.0g,琼脂 15.0g,蒸馏水 1000mL,最终 pH 7.0±0.2。按培养基配方比例依次准确称取酵母浸膏、胰蛋白胨、葡萄糖和琼脂放入烧杯中。药品称取时动作要迅速,并严防药品混杂,一把药匙用于称取一种药品,或称取一种药品后,洗净、擦干,再称取另一种药品。瓶盖也不要盖错。

【计算】 如果需要配制 100mL PCA 培养基,请计算各组分所需的量,并写在表格中。

组分	×1L	×100mL
胰蛋白胨	5.0g	
酵母浸膏	2.5g	
葡萄糖	1.0g	
琼脂	15.0g	
蒸馏水	1000mL	

2. 溶化

装有药品的烧杯中先加入少于所需要量的水,用玻璃棒搅匀,然后在磁力搅拌器上加热溶化。待药品完全溶化后,补加水到所需总体积。琼脂溶化过程中应控制火力,以免培养基因沸腾而溢出容器。同时需不断搅拌,以防琼脂烧焦。在制备用锥形瓶盛的固体培养基时,一般也可先将一定量的液体培养基分装于锥形瓶中,然后加入液体培养基体积分数 1.5% 的琼脂,不必先加热溶化,而是灭菌和加热溶化同步进行,以节省时间。

3. 调节 pH 值

先用 pH 试纸测定培养基的初始 pH 值,若偏酸,则滴加 1mol/L NaOH,边加边搅拌,并随时用 pH 试纸测其 pH 值直到 pH 值达到 7.0±0.2。反之用 1mol/L HCl 进行调节。

4. 分装

按实验要求,可将配制的培养基分装入试管内或锥形瓶内。液体培养基分装高度以试管高度的 1/4 左右为宜,分装锥形瓶一般不超过锥形瓶容积的 1/2;固体培养基分装试管不超过试管高 1/5,分装锥形瓶不超过锥形瓶容积的 1/2;半固体培养基分装以试管高度 1/3 为宜,灭菌后垂直待凝。分装过程中注意不要使培养基沾在管(瓶)口,以免引起污染。

【计算】 实验室常用的 250mL 锥形瓶,最多可以分装多少培养基?

5. 加塞

培养基分装完毕后,在试管口或锥形瓶口塞上硅胶塞或塑料试管帽等,以防止外来微生物进入培养基内造成污染,并保证有良好的通气性能。

6. 包扎、灭菌

试管加塞后,将试管或锥形瓶外包牛皮纸,用棉线捆好,用记号笔注明培养基名称、组别、配制日期。有条件的实验室可用市售铝箔代替牛皮纸,省去用绳扎,效果更好。

最后将上述培养基于121℃高压蒸汽中灭菌20min。

【注意事项】

称取药品用的药匙不可混用;称完药品要及时将药瓶盖紧;培养基调pH时要小心操作,避免回调;在制备培养基时,需将培养基制备日期、种类、名称、配方、灭菌的压力和时间、最终pH值和制备者等信息详细记录,以防发生混乱;培养基最好现配现用,若当时不用,应存放于阴暗处,最好放置于冰箱内,放置时间不应超过一周,以免营养价值降低或发生化学变化。

练一练

1. 在培养基的配制过程中,具有如下步骤,其正确顺序为( )。
①溶化;②调pH;③加塞;④包扎;⑤培养基的分装;⑥称量
A. ①②⑥⑤③④　　B. ⑥①②⑤③④　　C. ⑥①②⑤④③　　D. ①②⑤④⑥③

2. 固体培养基中需要加入琼脂的目的是( )。
A. 为菌体提供碳源 　　　　　B. 为菌体提供氮源
C. 使培养基保持水分　　　　　D. 使培养基凝固

3. 牛肉膏蛋白胨固体培养基和液体培养基的区别是固体培养基中含有( ),而液体培养基中没有。
A. 牛肉膏　　　B. 蛋白胨　　　C. 琼脂　　　D. 水

4. 固体培养基中含有的琼脂量是( )。
A. 0.4%~0.5%　　B. 1.5%~2.0%　　C. 4.0%~4.5%　　D. 2.0%~2.5%

5. 配制培养基时,霉菌和酵母菌培养基所适合的pH值为( )。
A. 4.5~6.0　　B. 6.0~6.5　　C. 6.5~7.0　　D. 7.0~7.5

6. 配制培养基时,细菌和放线菌培养基所适合的pH值为( )。
A. 4.5~6.0　　B. 6.0~6.5　　C. 6.5~7.0　　D. 7.0~7.5

7. 制备用锥形瓶盛的固体培养基时,怎样操作更为方便?

8. 盛有培养基的锥形瓶或试管口需要塞上硅胶塞的原因是什么?

9. 培养基配制完毕之后为何需要立即灭菌?可以放到第二天再灭菌吗?

培养基的配制
(理论)

培养基的配制
(操作)

任务拓展 ▶▶▶

培养基是什么？

一、培养基的概念

培养基是人工制备、适合微生物生长繁殖或产生代谢产物的营养基质。

培养基中应含供微生物生长发育用的水分、碳源、氮源、生长因子、磷、硫、钠、钙、镁、钾、铁及各种微量元素。还应具有适宜的酸碱度（pH 值）、一定的缓冲能力、一定的氧化还原电位和合适的渗透压。

二、培养基的类型

培养基种类繁多，根据其物理状态、成分和用途可将培养基分成多种类型。

（一）按培养基物理状态分类

根据培养基中凝固剂的有无及含量的多少，可将培养基划分为液体培养基、半固体培养基和固体培养基。

1. 液体培养基

将各种营养物质溶解于定量水中，配制成的营养液称为液体培养基。微生物在液体培养基中可充分接触养料，有利于生长繁殖及代谢产物的积累，适用于微生物的纯培养。液体培养基在微生物实验和生产中应用极其广泛，如微生物实验中观察菌种的培养特性、研究菌体的理化特征和进行杂菌检查；生产中的大规模深层发酵和浅盘发酵等。

2. 固体培养基

在液体培养基中加入一定量的凝固剂配制而成的呈固体状态的适合微生物生长的营养基质叫固体培养基。琼脂是常用的凝固剂，在液体培养基中加入 $1.5\%\sim2.0\%$ 就可制成固体培养基。琼脂在 96℃ 熔化，不易被高温灭菌破坏，对微生物生长无害，在微生物生长期间内保持固体状态，配制方便。将固体培养基装入试管或培养皿中，制成斜面培养基或平板培养基，可用于菌种培养、活菌计数、微生物分离和保藏及鉴定等工作。

3. 半固体培养基

在液体培养基中加入 $0.3\%\sim0.6\%$ 琼脂时，营养基质静止时呈固态，剧烈振荡后呈流体态，这样的营养基质称为半固体培养基。常用于观察细菌的运动性，保存菌种，分类鉴定菌种，细菌的糖类发酵能力测定，噬菌体效价测定和厌氧菌的培养等。

（二）按培养基成分分类

1. 天然培养基

天然培养基指利用有机物配制而成的培养基，如用牛肉膏、麦芽汁、豆芽汁、麦曲汁、马铃薯、玉米粉、麸皮、花生饼粉等制成的培养基。其特点是配制方便、营养丰富而全面、价格低廉，适合于各类异养型微生物生长，并适用于大规模培养微生物。其缺点是成分复杂，不同单位生产或同一单位不同批次所提供的产品成分都不稳定。

2. 合成培养基

合成培养基是由化学成分完全了解的物质配制而成的培养基，也称化学限定培养基。如高氏 1 号培养基和查氏培养基。此类培养基的优点是成分精确、重复性强，一般用于实验室进行营养代谢、分类鉴定和菌种选育等工作；缺点是配料复杂，微生物在此类培养基上生长缓慢，成本较高，不宜用于大规模生产。

3. 半合成培养基

用一部分天然有机物作碳源、氮源及生长素等物质，并适当补充无机盐类，这样的培养基为半合成培养基。如实验室使用的马铃薯蔗糖培养基。此类培养基用途最广，大多数微生物都能在此类培养基上生长。

（三）按培养基用途分类

1. 基础培养基

尽管不同微生物的营养需求不尽相同，但大多数微生物所需的基本营养物质是相同的。基础培养基是含有一般微生物生长繁殖所需的基本营养物质的培养基。牛肉膏蛋白胨培养基是最常用的基础培养基。

2. 加富培养基

加富培养基也称营养培养基，即在基础培养基中加入某些特殊营养物质制成的一类营养丰富的培养基，这些特殊营养物质包括血液、血清、酵母浸膏、动植物组织液等。主要用于培养对营养要求比较苛刻的异养型微生物。还可用来富集和分离某种微生物，即根据某种微生物的生长要求，加入有利于这种微生物生长繁殖而不利于其他微生物生长的营养物质，逐步淘汰其他微生物，从而达到分离该种微生物的目的。

3. 选择培养基

选择培养基是用来将某种或某类微生物从混杂的微生物群体中分离出来的培养基。根据不同种类微生物的特殊营养需求或对某种化学物质的敏感性不同，在培养基中加入相应的特殊营养物质或化学物质，抑制不需要的微生物的生长，有利于所需微生物的生长。

4. 鉴别培养基

鉴别培养基是用于鉴别不同类型微生物的培养基。在培养基中加入某种特殊的化学物质，当某种微生物在培养基中生长后就能产生某种代谢产物，而这种代谢产物可以与培养基中的特殊化学成分发生特定的化学反应，产生明显的特征性变化，根据这种特征性变化，可将该种微生物与其他微生物区分开来。如：伊红美蓝培养基（EMB）可用来鉴别饮用水和乳制品中是否存在大肠杆菌等细菌，如果有大肠杆菌，因其强烈分解乳糖而产生大量的混合酸，菌体带 H^+，故菌落被染成深紫色，从菌落表面的反射光中可以看到金属光泽（图 1-3）。

图 1-3　伊红美蓝培养基上的大肠杆菌菌落（见彩图）

练一练 ▶▶▶

1. 营养丰富，但成分不清楚的培养基叫作（　　）。
   A. 基础培养基　　　B. 天然培养基　　　C. 合成培养基　　　D. 半合成培养基
2. 在实验中用到的淀粉水解培养基是一种（　　）。
   A. 基础培养基　　　B. 加富培养基　　　C. 选择培养基　　　D. 鉴别培养基
3. 鉴别培养基是一种培养基，其中（　　）。
   A. 真菌和病毒生长速度不同　　　　　　B. 可以辨别两种不同的细菌
   C. 有两种不同细菌所用的不同的特殊营养物　　D. 保温培养期采用两种不同的温度
4. 实验室常用的培养细菌的培养基是（　　）。
   A. 牛肉膏蛋白胨培养基　　　　　　B. 马铃薯培养基
   C. 高氏 1 号培养基　　　　　　　　D. 麦芽汁培养基
5. 培养基根据物理状态分，可以分为液体培养基、固体培养基和半固体培养基。其中主要用于细菌扩大培养的培养基是（　　）。
   A. 固体培养基　　　B. 液体培养基　　　C. 半固体培养基

任务三
培养基的灭菌 ★

工作任务

一般培养基都采用湿热灭菌法。湿热灭菌法中的高压蒸汽灭菌法适用于培养基、无菌水、工作服等物品的灭菌。实验室中常用的高压蒸汽灭菌锅有立式、卧式和手提式等。

任务目标

1. 能够了解高压蒸汽灭菌锅各主要部件及功能。
2. 能够准确操作高压蒸汽灭菌锅。

任务实施

1. 认识灭菌锅构造与组成

灭菌锅构造与组成见图 1-4。

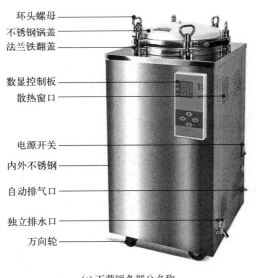
(a) 灭菌锅各部分名称

(b) 灭菌网篮

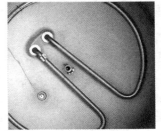
(c) 加热圈

图 1-4　灭菌锅构造与组成

2. 加水

首先检查灭菌锅内水位,水位应在中间水位线以上,若水量不够,则加适量蒸馏水,以免灭菌器干烧引起爆炸。连续使用时,须每次灭菌后补足水量,以免干烧。

3. 装锅

将灭菌网篮放回锅内,装入待灭菌物品。注意物品不可装太满,以免妨碍蒸汽流通而影响灭菌效果。

4. 加盖

检查锅盖密封圈完整性,并将锅盖盖上。

5. 加热

打开开关,设定灭菌温度与时间。将橡胶管插到装有冷水的容器内,升温过程中,低于102℃时,电磁阀会自动放气,排出冷空气;高于102℃则停止放气。灭菌锅内温度和压力继续上升至所需的温度和压力后开始计时,并不断调节热源,使压力保持稳定,直至完成灭菌。

6. 降压出锅

灭菌完成,计时指示灯灭,并蜂鸣提醒,显示"END"。先断电源,冷却至压力表为"0",再打开放气阀排余气。待温度降至80℃以下,将锅盖打开5~10cm的缝或将锅盖抬高1~2cm,让热气冒出,取出灭菌物品。应佩戴手套,以免烫伤。

7. 保养

保持灭菌锅内壁干燥,可延长锅盖上密封圈的使用寿命。

【注意事项】

① 灭菌锅内摆放的物品不能过满,以便空气流通;包装不宜过大,装量过大时在常规的压力和时间下无法达到彻底灭菌。

② 在灭菌锅压力尚未降至"0"之前,严禁开盖,以免发生事故。

高压蒸汽灭菌锅的使用

练一练

1. 实验室高压蒸汽灭菌的条件是(   )。
A. 135~140℃,5~15s   B. 72℃,15s
C. 121℃,15~20min   D. 121℃,60min

2. 利用高压蒸汽灭菌锅进行灭菌时,什么时候才能打开盖子?

任务拓展

消毒与灭菌

微生物实验中通常需要进行纯培养,不能有任何杂菌污染,因此对所用器材、培养基和工作场所都要进行严格的消毒和灭菌。消毒是指消灭病原菌和有害微生物。灭菌是杀死或消灭环境中所有微生物的营养体、芽孢和孢子。无菌是没有具有生命力的微生物存在。只有通过彻底灭菌,才能达到无菌要求。消毒与灭菌的方法有很多,可分为物理法和化学法两大类。物理法包括加热灭菌(干热灭菌和湿热灭菌)、过滤除菌、紫外线辐射灭菌等。化学法主要是利用无机或有机化学药剂对实验用具和其他物体表面进行消毒与灭菌。人们可以根据微生物特点、待灭菌材料与实验目的和要求来选用具体方法。一般来说,玻璃器皿可用干热灭菌法,培养基用高压蒸汽灭菌法,某些不耐高温的培养基(如血清、牛乳等)可用巴斯德消毒法、间歇式灭菌法或过滤除菌法,无菌室、无菌罩等用紫外线辐射、化学药剂喷雾或熏蒸等方法灭菌。

(一) 干热灭菌法

1. 火焰灭菌法

火焰灭菌法指直接利用火焰把微生物烧死。采用此法灭菌彻底迅速，但只适用于金属制的接种工具、试管口及污染物品的处理。常用工具有酒精灯、煤气灯等，其方法是将需灭菌的器具在火焰上来回通过几次，火焰温度可达200℃以上，一切微生物的营养体和孢子可全部杀死，达到无菌状态[图1-5 (a)]。

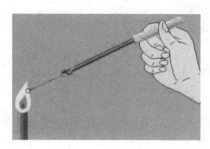 

(a) 接种环火焰灭菌　　　　　　　　(b) 电热恒温干燥箱

图1-5　干热灭菌法

2. 热空气灭菌法

热空气灭菌法是在电热恒温干燥箱中利用干热空气来灭菌。由于蛋白质在干燥无水的情况下不易凝固变性，加上干热空气穿透力差，因而干热灭菌需要较高的温度和较长的时间。一般热空气灭菌要将灭菌物品放在140~160℃下保持2~3h[图1-5 (b)]。

干热灭菌法只适用于玻璃器皿及金属器皿，不适用于培养基等含水分的物质、高温下易变形的塑料制品及乳胶制品。此外，灭菌物品用纸包裹时，必须控制温度不超过170℃，否则容易燃烧。

(二) 湿热灭菌法

湿热灭菌法是最常用的灭菌方法，其原理是湿热状态下蛋白质变性所需温度低，同时，湿热灭菌时产生的热蒸汽穿透力强，可迅速引起菌体蛋白质变性。湿热灭菌法比干热灭菌法所需温度低，一般培养基都用湿热灭菌法。

1. 高压蒸汽灭菌法

高压蒸汽灭菌法的原理是：根据水的沸点可随压力的增加而提高的特点，当水在密闭的高压灭菌锅中煮沸时，其蒸汽不能逸出，致使压力增加，水的沸点温度也随之提高，加之蛋白质在湿热条件下易变性。因此高压蒸汽灭菌法是利用高压蒸汽产生的高温及热蒸汽的穿透能力达到灭菌目的。一般培养基、玻璃器皿、用具等都可用此法灭菌。

2. 常压间歇灭菌法

常压间歇灭菌法是在常压锅内间断性消毒几次达到灭菌目的。常压灭菌由于没有压力，水蒸气温度不会超过100℃，只能杀灭微生物的营养体，不能杀死芽孢和孢子。

(三) 过滤除菌法

过滤除菌是用物理阻留的方法将液体或空气中的细菌除去，以达到无菌目的。常用滤菌器主要有薄膜滤菌器（0.45μm和0.22μm孔径）、陶瓷滤菌器、石棉滤菌器等（图1-6）。主要用于血清、毒素、抗生素等不耐热生物制品及空气的除菌。

(a) 针头滤器　　　　　　　(b) 真空过滤器

图 1-6　常用滤器

（四）紫外线杀菌法

紫外线杀菌法是利用紫外线照射物体，使物体表面的微生物细胞内的核蛋白分子结构发生变化而引起死亡。由于紫外线穿透性差，一般情况下紫外线照射主要用于食品工厂车间、设备、包装材料的表面以及水的杀菌。

紫外线杀菌的波长一般为 253.7nm，此时的紫外线杀菌力最强。此外，紫外线一般进行直线传播，其强度与距离的平方成比例减弱，并可被不同的表面反射，穿透力弱，因此使用前应先搞好照射区域的卫生，并且紫外灯距离灭菌对象 1m 以内效果最好。为避免光复活现象，微生物经紫外线照射 30min 进行灭菌后，还应该在黑暗中保存 30min 以避免光复活现象的发生。

（五）药物杀菌法

1. 甲醛

甲醛一般用 40% 的甲醛水溶液，即福尔马林。甲醛有强烈的刺激臭味，能使微生物蛋白质变性，对细菌和病毒有强烈的杀伤作用。常用于熏蒸接种室、接种箱和培养箱。甲醛气体对人的皮肤和黏膜有刺激作用，操作后应迅速离开消毒现场。熏蒸后，可在室内喷洒少量浓氨水，以除去剩余的甲醛气体。

2. 乙醇

乙醇，即酒精，能使细菌蛋白质脱水变性，从而杀死细菌。75% 的乙醇杀菌作用最强，因该浓度乙醇可透过细胞膜进入细胞内，吸收细胞里蛋白质的水分，使其脱水，让蛋白质凝固，从而达到杀死细菌的效果。可用于皮肤和临床医疗器械的表面消毒。本品易燃、易挥发，应密封保存。

3. 新洁尔灭

新洁尔灭是一种具有消毒作用的表面活性剂，使用浓度为 0.25%（用原液 5% 新洁尔灭 50mL，加水 950mL）。常用于器具和皮肤消毒，亦可用于接种箱、培养室内喷雾消毒，对人、畜毒性较小。因不宜久存，应随配随用。

4. 高锰酸钾

高锰酸钾俗称灰锰氧，为紫色针状结晶，是一种强氧化剂。0.1% 的高锰酸钾溶液有杀菌作用，常用于器具表面消毒。它可使微生物的蛋白质和氨基酸氧化，从而抑制微生物的生长，达到灭菌的目的。溶液配制后不宜久放，应随配随用。另外，高锰酸钾常与甲醛混合，可产生甲醛气体，熏蒸消毒接种室。

5. 石炭酸

又名苯酚，常温下为无色或白色的晶体，有特殊气味。石炭酸溶液在低浓度时具有抑菌作用，而在高浓度时则有杀灭细菌和真菌的作用。然而，它对细菌芽孢和病毒无效。常用的消毒浓度为3%～5%，这种浓度对皮肤有强烈的刺激作用，浓度超过2%，可引起组织损伤甚至坏死。若不慎将苯酚沾到皮肤上，应用乙醇或聚乙二醇清洗。由于其毒性较大，苯酚已很少使用。

6. 来苏尔

来苏尔含50%煤酚皂，消毒能力比石炭酸强4倍。用50%来苏尔40mL，加水960mL，配成2%来苏尔溶液，可用于手的消毒（浸泡2min）和接种室、培养室的消毒。

7. 漂白粉

漂白粉即次氯酸钙、氯化钙和氢氧化钙的混合物，呈灰白色粉末或颗粒状，有氯气臭味，易溶于水，在水中分解成次氯酸。次氯酸渗入菌体内，使蛋白质变性，从而导致微生物死亡。漂白粉对细菌的繁殖体、芽孢、病毒、酵母菌及霉菌等都有杀灭作用，其用法为：配成2%～3%的水溶液，洗刷接种室墙壁、培养架及用具。漂白粉水溶液杀菌持续时间短，应随用随配。

消毒与灭菌

练一练

1. 出于控制微生物的目的，灭菌一词指的是（　　）。
   A. 除去病原微生物　　　　　　　B. 降低微生物的数量
   C. 消灭所有的生物　　　　　　　D. 只消灭体表的微生物

2. 关于灭菌和消毒的不正确的理解是（　　）。
   A. 灭菌是指杀灭环境中的一切微生物的细胞、芽孢和孢子
   B. 消毒和灭菌实质上是相同的
   C. 接种环用烧灼法灭菌
   D. 常用灭菌方法有加热法、过滤法、紫外线法、化学药品法

3. 常用消毒乙醇的浓度是（　　）。
   A. 30%　　　　　B. 75%　　　　　C. 95%　　　　　D. 100%

4. 下列物品适合用火焰灭菌法的是（　　）。
   A. 培养基　　　　B. 培养皿　　　　C. 接种环　　　　D. 血清

5. 果汁、牛奶常用的灭菌方法为（　　）。
   A. 巴氏消毒法　　B. 干热灭菌法　　C. 间歇灭菌法　　D. 高压蒸汽灭菌法

6. 下列不属于紫外线杀菌特点的是（　　）。
   A. 紫外线破坏微生物的细胞结构
   B. 空气受紫外线照射后产生的臭氧也可杀菌
   C. 经紫外线照射的微生物如果立即暴露于可见光下会出现光复活现象
   D. 紫外线杀菌是通过曲线传播的

7. 下列不适合过滤除菌的物品有（　　）。
   A. 血清　　　　　B. 毒素　　　　　C. 培养皿　　　　D. 抗生素

8. 实验室中常用95%乙醇，如何配制成75%乙醇？

9. 请你总结一下高压蒸汽灭菌法适用于什么物品。

任务四
制备平板与斜面 ★

工作任务

固体培养基是用于获得微生物纯培养最常用的固体培养基形式,它是冷却凝固后的培养基在无菌培养皿中形成的固体平面,通常简称为"培养平板"或"平板",主要用于菌种分离以及研究菌类的某些特性。

斜面培养基是固体培养基的一种形式,是将培养基趁热定量分装于试管内,并凝固成一定坡度斜面的培养基,通常简称为"斜面",主要用于菌种扩大转管及菌种保藏。

本任务是用已灭菌的培养基进行制备平板与斜面培养基。

任务目标

1. 能够完成实验准备工作。
2. 能够将培养基倒平板制备固体培养基平板。
3. 能够制备斜面培养基。

任务实施

一、准备工作

(1) 提前30min打开超净工作台,用紫外灯消毒灭菌。
(2) 对操作者的衣着和手进行清洁和消毒。
(3) 对用于微生物培养的器皿、接种的用具和培养基等进行灭菌。
(4) 所有无菌操作都需在酒精灯旁操作。

二、制备斜面

将灭菌的试管培养基冷却至50℃左右(以防斜面冷凝水过多),将试管口端搁置在木架或其他合适高度的器具上,搁置的长度以不超过试管总长的1/2为宜(图1-7)。

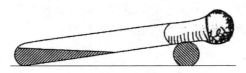

图1-7 摆斜面

制备斜面培养基

三、培养基倒平板

倒平板有两种方法,分别是持皿法和叠皿法。

1. 持皿法

(1) 将若干无菌培养皿叠放在左侧,便于拿取,点燃酒精灯。

（2）倒平板时，先用左手握住锥形瓶的底部，倾斜锥形瓶，用右手旋松硅胶塞，然后用右手的小指和手掌边缘夹住硅胶塞并将它拨出，随后将瓶口周缘在火焰上过一下（不可灼烧，以防爆裂），以消灭可能沾在瓶口外的杂菌。然后将锥形瓶从左手传至右手中（用右手的拇指、食指和中指拿住锥形瓶的底部），在此操作过程中瓶口应保持在离火焰2～3cm处，瓶口始终向着火焰。左手拿起一副培养皿，用中指、无名指和小指托住培养皿底部，用食指和大拇指夹住皿盖并开启一缝，恰好能让锥形瓶伸入。随后倒出培养基。一般倒入15～20mL的培养基即可铺满整个皿底。盖上皿盖，置水平位置等凝固。然后再将锥形瓶移至左手，瓶口再次过火并塞紧硅胶塞（图1-8）。

平板培养基的冷凝方法有两种，一种方法是将平板一个个摊开在桌面上冷凝，另一种方法是将几个平板叠在一起冷凝。前者冷凝速度较快，在室温较高时采用；后者冷凝速度较慢，可在室温较低时采用，其优点是形成的冷凝水少，尤其适用于平板划线等的需要。

2. 叠皿法

此法步骤与持皿法基本相同。不同点是左手不必持培养皿，而是将培养皿叠放在酒精灯的左侧并靠近火焰，用右手拿住锥形瓶的底部，左手的掌背对着瓶口，用小指与无名指夹住瓶塞，将其拔出，随即使瓶口过火，同时用左手开启最上面的皿盖，倒入培养基，盖上皿盖即移至水平位置待凝固。再依次倒下面的培养皿。在操作过程中，瓶口应向着火焰保持倾斜状，以防空气中微生物的污染（图1-9）。

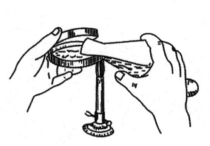

图1-8 持皿法

图1-9 叠皿法

练一练

1. 固体培养基平板的制作有什么要求？适用于何种情况？
2. 斜面培养基的制作有什么要求？适用于何种情况？

任务拓展

超净工作台的使用

超净工作台作为代替无菌室的一种设备，具有占地面积小、使用简单方便、无菌效果可靠、无消毒剂对人体的危害、可移动等优点，现在已被广泛使用。

超净工作台是一种局部层流装置，它由工作台、过滤器、风机、静压箱和支撑体等组成。其工作原理是借助箱内鼓风机强行将外界空气通过一组过滤器，净化的无菌空气连续不断地进入操作台面,并且超净工作台内设有紫外线杀菌灯,可对环境进行杀菌,保证了超净工作台面的正压无菌状态,能在局部造成高洁度的工作环境。超净工作台基本构造如图1-10所示。

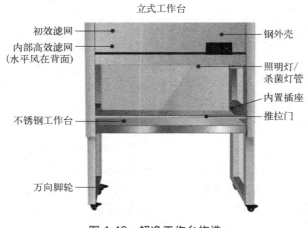

图1-10 超净工作台构造

一、任务目标

1. 能说出超净工作台的工作原理。
2. 能正确操作超净工作台。
3. 能对超净工作台进行定期维护。

二、任务实施

（一）准备工作

使用前用75%乙醇擦拭超净工作台台面,并将所需物品放入超净工作台台内。

（二）超净工作台的操作

① 开启紫外灯,在黑暗中对工作区域进行照射杀菌30min。

② 灭菌完毕,关闭紫外灯,升高工作台门约10~15cm,以方便操作为原则;打开通风和照明灯,待通风2min以排出臭氧后再开始工作。

③ 使用超净工作台过程中,所有的操作尽量要连续进行,减少染菌机会。

④ 操作区为层流区,放置的物品不应妨碍气流正常流动,工作人员应尽量避免引起扰乱气流的动作,如对着台面说话、咳嗽等,以免造成人为污染。

⑤ 工作完毕后清理台面,取出培养物品及废物,再次用酒精棉球擦拭台面,再开紫外灯照射30min,切断电源后离开。

（三）超净工作台的维护

① 放置超净工作台的房间要求清洁无尘,应远离有震动及噪声大的地方,以防止震动对它的影响。

② 每3~6个月用仪器检查超净工作台性能有无变化,如操作区风速低于0.2m/s,应对过滤器做清洗除尘。

练一练

1. 以下是超净工作台的使用步骤，请按照正确的顺序进行排列_____。
① 75％乙醇擦台面
② 打开超净工作台门，一般不超过20cm
③ 将需用的酒精灯、培养皿等放入超净工作台
④ 打开紫外灯，关闭日光灯，紫外线黑暗中照射15～30min
⑤ 灭菌结束，开超净工作台门2min之后再开始实验

2. 超净工作台利用紫外线在黑暗中照射15～30min之后，需要开超净工作台门2min之后再开始实验的原因是（　　）。
A. 个人爱好　　　　　　　　　　　B. 排出其中的紫外线
C. 排出其中的臭氧　　　　　　　　D. 防止微生物光复活

3. 对于超净工作台，下列操作正确的是（　　）。
A. 小明在做实验时，开着紫外灯做实验，这样能确保操作不被污染
B. 小花实验时，为了达到更好的灭菌效果，利用95％乙醇擦拭超净工作台台面
C. 小红实验时，为了避免培养皿被污染，在超净工作台中打开了培养皿包装
D. 小凯在做实验时，为了抓紧时间，关了超净工作台紫外灯之后直接做实验

4. 下列所列出的除菌措施不属于超净工作台的是（　　）。
A. HEPA滤膜（高效空气过滤膜）　　B. 臭氧
C. 紫外线　　　　　　　　　　　　D. 高温

5. 在实验操作时开着紫外灯，这种做法正确吗？你发现了应该怎么处理？

6. 在实验操作时将超净工作台门升得很高，这种做法正确吗？你在使用超净工作台的时候会出现这种情况吗？

7. 在实验操作时将手一会儿伸出超净工作台，一会儿又伸进去，这种做法正确吗？为什么？

任务五
培养基的无菌检查★

工作任务

培养基制备完成之后，需要进行无菌检查。如果发现有杂菌，说明灭菌不彻底，需要重新制备。

培养需要用到生化培养箱。生化培养箱主要用于细菌、霉菌等微生物培养，组织细胞培养，能够为其提供一个恒温的培养环境，是生物、遗传工程、医学等行业实验室中重要实验设备之一。

任务目标

1. 能说出生化培养箱的工作原理。
2. 能正确操作生化培养箱。
3. 能对生化培养箱进行定期维护。
4. 能使用生化培养箱进行培养基的无菌检查。

任务实施

一、准备工作

生化培养箱应放置在清洁整齐、干燥通风的工作间内。使用前，面板上各个控制开关均应处于非工作状态。

二、生化培养箱的操作

（1）操作前先用75％乙醇浸湿无菌纱布擦拭内壁及隔板。

（2）之后，打开电源开关，按"设定"键设定培养的温度、时间，按"增加"或"减小"进行调整。再按"设定"键确认设定条件，此时显示屏显示培养箱内实际温度。按"减小"按钮，可关闭显示屏灯光。

（3）培养时，依据实验要求，将培养皿倒置或正置放入生化培养箱中。

（4）培养结束后，可关闭电源。

三、生化培养箱的维护

（1）从每一批培养基中选取样品进行无菌检查。将培养基样品接种到适当的培养皿中，或直接在原容器中进行培养。

（2）通常使用37℃的恒温培养箱进行培养，时间一般不少于5～7d。定期检查培养皿或容器，观察是否有微生物生长的迹象，如菌落形成、浑浊等。做好详细记录，记录时间、温度、观察到的任何变化等。

（3）结果判断：如果没有任何菌落生长或浑浊现象，则培养基被认为是无菌的。如果发现污染，则需要重新制备和检查培养基。

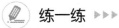

1. 如何验证你所配制的培养基是否合格？

2. 假如生化培养箱被污染了，该如何解决？请根据"任务拓展——无菌操作技术"中学到的方法进行解答。

无菌操作技术

微生物通常是肉眼看不到的微小生物，而且无处不在。因此，在微生物的研究及应用中，不仅需要通过分离纯化技术从混杂的天然微生物群中分离出特定的微生物，而且还必须随时注意保持微生物纯培养物的"纯洁"，防止其他微生物的混入。在分离、转接及培养纯培养物时防止其被其他微生物污染的技术被称为无菌操作技术。它是微生物学的基本技术，已广泛应用于细胞、组织培养及基因工程等领域。

（一）无菌操作原则

① 在执行无菌操作时，必须明确物品的无菌区和非无菌区。

② 执行无菌操作前，先戴帽子、口罩，洗手，并将手擦干，注意空气和环境清洁。

③ 夹取无菌物品时，必须使用无菌持物钳。

④ 进行无菌操作时，凡未经消毒的手、臂均不可直接接触无菌物品或穿过无菌区取物。

⑤ 无菌物品必须保存在无菌包或灭菌容器内，不可暴露在空气中过久。无菌物与非无菌物应分别放置。无菌包一经拆开即不能视为绝对无菌，应尽早使用。凡已取出的无菌物品虽未使用也不可再放回无菌容器内。

⑥ 无菌包应按消毒日期顺序放置在固定的橱柜内，并保持清洁干燥，与非无菌包分开放置，并经常检查无菌包或容器是否过期，其中用物是否适量。

（二）无菌操作技术及注意事项

1. 培养基灭菌

培养基可以加到器皿中一起灭菌，也可单独灭菌后再加到无菌的器皿中。最常用的灭菌方法是高压蒸汽灭菌，即将培养基放在高压蒸汽灭菌锅中，排净冷空气后，在121℃下灭菌15～20min。它可以杀灭所有的微生物，包括耐热的某些微生物的休眠体，保证培养基处于无菌状态，同时可以基本保持培养基的营养成分不被破坏。

2. 创造无菌接种环境

无菌操作必须在无菌条件下进行。常见的无菌场所有超净工作台、接种箱和接种室。在进行操作前需将灭菌后的培养基以及接种用的酒精灯、工具等放到接种场所，然后采用物理或化学方法进行环境处理。

（1）超净工作台 在无菌操作过程中，最重要的是要保持工作区的无菌、清洁。因此，在操作前先启动超净工作台和紫外灯，在黑暗中打开紫外灯照射20～30min，之后关闭紫外灯，打开风机通风2~3min，将台面上含有杂菌的空气和产生的臭氧排出，保持台面处于无菌状态。操作前用75%乙醇棉球擦拭台面消毒。

（2）无菌室　按照每立方米空间用10~14mL甲醛和5~10g高锰酸钾进行混合熏蒸，熏蒸时间不少于30min。或用市售气雾消毒剂进行熏蒸，每立方米空间用4~5g。如有紫外灯可同时打开。为避免药害，实验前可以喷洒甲醛用量1/2的氨水以中和残留的甲醛。

3. 手的消毒

先用肥皂水洗手，再用75%乙醇棉球擦拭手表面。

4. 微生物培养常用器具的灭菌

（1）工具灭菌　点燃酒精灯，将接种工具在酒精灯外焰上充分灼烧，杀死工具表面附着的杂菌。工具灭菌后不得再接触台面。

（2）器皿的灭菌　试管、玻璃烧瓶、培养皿等是最为常用的培养微生物的器具，在使用前必须先行灭菌，使容器中不含任何生物。

5. 无菌操作

由于打开器皿就可能使器皿内部被环境中的其他微生物污染，因此微生物实验的所有操作均应在无菌条件下进行，其要点是在火焰附近进行熟练的无菌操作，或在无菌箱或操作室内等无菌的环境下进行操作。在操作时，严禁喧哗，严禁用手直接接触无菌物品。操作培养瓶应在超净工作台内进行，并且在开启和加塞时用酒精灯烧灼。

6. 培养

将接种后的菌种放到适宜的环境条件下培养。培养环境要注意消毒，防止培养过程中杂菌侵染。

7. 检查

培养过程中要经常检查菌落生长情况，发现有杂菌污染的菌种要及时挑出。

在进行微生物分离纯化以及其他无菌操作时，要有责任心，培养自己的无菌意识，加强训练，提高熟练程度，降低污染率。

 练一练 ▶▶▶

请试着用思维导图总结归纳无菌操作技术要点。

拓展阅读 ▶▶▶

微生物微液滴培养系统

微生物培养是微生物学的起源和根本，成功的微生物培养是进行后续研究的重要前提与基础。传统的实验室培养方法包括摇瓶、孔板和培养皿，然而这些培养方法耗费了科研人员大量的精力和时间，是典型的劳动密集型方法，其通量低，平行性差，导致效率低下。随着自动化、模块化的微生物细胞微培养系统的发展，特别是采用液滴微流体的微培养系统，因高通量、高平行性及高效的培养能力而备受关注。

法国化学家巴斯德被认为是最早可重复培养微生物的科学家，他使用以灰烬、糖和铵盐为配方的培养基，成功实现了微生物的稳定培养。柯赫在巴斯德所研发的培养基配方的基础上进行了改良，在培养基中加入了牛肉提取物或牛血清，并开发出了能够分离出单克隆的固体培养基，其固体培养技术至今仍是微生物学，尤其是临床微生物学中的黄金标准。

近年来，微生物反应器的微型化和平行化逐渐得到研究者的关注。微型生物反应器作为一种可长时间以少量试剂运行的系统，通过引入各种分析技术实现了多参数的精密检测和控制，同时通过操作自动化，减少了实验中人为操作失误和产生的误差。此外，借助多参数精密调控和平行化操作能力，可以同时进行多项实验，大幅提高了实验效率。在特定条件下，培养体系还能够实现单细胞培养，用以研究微生物群中一些容易被忽视的个体。因此，微生物微培养系统和技术逐渐成为实验室微生物培养的应用趋势。

清华大学成功将微生物微液滴培养技术装备化，开发了一套名为全自动高通量微生物液滴培养仪（microbial microdroplet culture system，MMC）的系统。该系统使用微流控芯片进行微生物培养液滴生成和换液，液滴体积为 $2\mu L$，可同时并行对 200 个独立的微生物液滴进行培养和连续传代。在油包水微小体系内液滴内溶氧和混合水平良好，其中的微生物生长性能接近或优于摇瓶。此外，基于芯片系统的模块化优势，MMC 系统还可满足多样的实验需求，例如培养物荧光、可见光、溶氧和 pH 在线检测、微生物菌落计数、高通量筛选、适应性进化等不同功能，显示出极大的应用潜力。

工作报告

班级：　　　　姓名：　　　　学号：　　　　等级：

工作任务	
任务目标	
流程图	
任务准备	

任务实施	
结果分析	
讨论反思	

学习成果总结

○ **学习评价表**

序号	考核内容	考核要点	配分	评分标准	得分
1	材料准备	玻璃器皿、培养基的数量、包扎、灭菌	10	材料准备齐全，包扎娴熟，灭菌操作正确	
2	培养基制备	称量培养基，包扎，灭菌	20	能够正确称量培养基，计算培养基各成分用量，操作规范	
3	高压蒸汽灭菌锅的操作	对待灭菌物品进行灭菌	10	高压蒸汽灭菌锅仪器操作规范	
4	超净工作台的使用	在超净工作台内完成微生物实验操作	10	能规范操作超净工作台	
5	固体培养基倒平板的制备	熔化培养基，在超净台内倒平板	10	能制备出质量合格的固体培养基平板	
6	培养箱的使用	在生化培养箱中培养微生物	10	能规范操作生化培养箱	
7	实验废弃物处理	实验台面清理及废弃物分类	10	能及时整理好实验仪器、耗材，清理实验台面，并对实验废弃物进行分类处理，对实验室环境进行消杀	
8	工作态度	精神面貌及用心程度	10	工作认真仔细，一丝不苟	
9	团队合作	团队运行状态和组织情况	10	团队成员互帮互助，配合默契	
		合计	100		

○ **导图输出**

请尝试用思维导图对本项目的理论和技能点进行整理、归纳。

○ 学习反馈

● 学习成果小结
☐ 能对常用玻璃器皿进行清洗、包扎和干热灭菌；
☐ 能按照给定配方配制培养基；
☐ 能进行平板和斜面的制备；
☐ 会使用高压蒸汽灭菌锅、超净工作台、恒温培养箱；
☐ 能安全操作，处理实验废弃物

● 重难点总结
你可以整理一下本项目的重点和难点吗？请分别列出它们。

重点1.

重点2.

重点3.

难点1.

难点2.

难点3.

● 收获与心得

1.通过项目一的学习，你有哪些收获？

2.在规定的时间内，你的团队完成任务了吗？实际完成情况怎么样？

3.在任务实施的过程中，你和团队成员遇到了哪些困难？你们的解决方案是什么？

4.在任务实施的过程中，你和团队成员有过哪些失误？你们从中学到了什么？

5.在项目学习结束时还有哪些没有解决的问题？

6.对照评分表看看自己可以得到多少分数吧。

项目二
微生物的形态观察

课前导学

情景导入 ▶▶▶

革兰氏染色（gram staining）是用来鉴别细菌的一种方法，这种染色法利用细菌细胞壁上的生物化学性质不同，可将细菌分成两类，即革兰氏阳性（gram positive，G^+）与革兰氏阴性（gram negative，G^-）。这一染色方法由丹麦医生汉斯·克里斯蒂安·革兰于1884年发明，最初是用来鉴别肺炎球菌与肺炎克雷伯菌之间的关系，后被推广为鉴别细菌种类的重要特性之一，对由细菌感染引起的疾病的临床诊断及治疗有着广泛用途。

革兰氏染色法的意义在于鉴别细菌，并为临床治疗指明方向。在治疗上，大多数化脓性球菌都属于革兰氏阳性菌，而大部分革兰氏阳性菌对青霉素敏感，可以选择青霉素、头孢等进行治疗。肠道菌多属于革兰氏阴性菌，它们产生内毒素使人致病，对青霉素不敏感。所以首先区分病原菌是革兰氏阳性菌还是阴性菌，在选择抗生素方面意义重大。

在本项目中，我们将首先学习常见微生物的基本结构和形态特征，随后在显微镜下观察它们的形态，以便更加直观地了解微生物。

学习目标 ▶▶▶

1. **知识目标**
（1）了解细菌、霉菌、酵母菌和放线菌的形态、基本结构及其菌落特征；
（2）掌握细菌革兰氏染色的原理。

2. **能力目标**
（1）能利用显微镜观察微生物形态、生理结构；
（2）能根据细菌革兰氏染色实验方案，完成实验，并尝试解决实验中出现的问题；
（3）能观察霉菌和酵母菌形态；
（4）能观察酵母菌的出芽生殖方式，能够鉴别区分酵母菌死细胞和活细胞。

3. 素质目标

（1）具有发现问题并通过独立思考解决问题的能力；
（2）具备耐心、细致的工作态度；
（3）塑造勇于探求、勇于创新的改革精神；
（4）树立坚忍不拔，不断追求真理的科学精神。

学习导航 >>>

1. 同学们一定在教材上见过显微镜成像的图片，或者在影视作品、科教宣传片中见到过使用显微镜放大成像的场景。在本项目中，我们将学习光学显微镜的基础操作。请利用互联网检索一下显微镜功能、种类方面的知识。

2. 利用互联网查询什么是细菌的革兰氏染色，这种方法是由哪位科学家发明的。染色的目的是什么。

3. 通过互联网查询，细菌基本形态有哪些？每种形态有哪些代表菌？你可以试着画出它们的模样吗？

4. 我们常用微米（μm）这个单位来表示微生物大小，那微生物的大小和数量是如何进行测量的呢？请利用互联网进行相关知识的检索。

请结合学习导航图图 2-1 所列出的任务（图中星号★的数量对应任务的难度）开始本项目的学习吧！

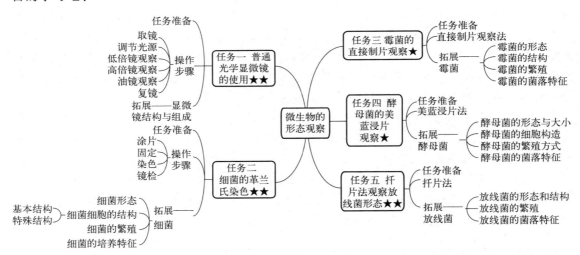

图 2-1 微生物形态观察学习导航图

项目实施

任务一
普通光学显微镜的使用 ★★

工作任务

显微镜是一种精密的科学仪器,是利用凸透镜的放大成像原理,将人眼所不能分辨的微小物体放大成像,以供人们观察微细结构信息的光学仪器。显微镜有能放大千余倍的光学显微镜,也有能放大几十万倍的电子显微镜。

任务目标

1. 熟悉普通光学显微镜的构造原理及维护。
2. 掌握低倍镜、高倍镜和油镜的使用方法。
3. 会使用普通光学显微镜观察微生物标本。

任务实施

一、仪器与材料准备

(1) 仪器　显微镜。
(2) 其他　青霉菌和曲霉菌标本片,其他的染色玻片标本。

二、操作步骤

1. 取镜

显微镜是精密光学仪器,使用时应特别小心。从镜箱中取出时,一手握镜臂,一手托镜座,放在实验台上。镜座距实验台边沿 3~4cm。镜检者姿势要端正,两眼必须同时睁开,以减少疲劳。

2. 调节光源

开闭光圈,调节光线强弱,直至视野内得到最均匀、最适宜的照明。观察染色标本时,光线应强;观察未染色标本时,光线不宜太强,可通过扩大或缩小光圈、调节光源亮度进行调节。

3. 低倍镜观察

检查的标本需先用低倍镜观察,因低倍镜(4×、10×)视野面广,焦点深度较深,易于发现目标,确定检查位置。

具体步骤如下:将染色标本置于镜台上,用标本夹夹住,移动推动器,使观察对象处在物镜正下方;转动粗调螺旋,使物镜降至距标本 0.5cm 处。由目镜观察,此时可适当地缩小光圈,否则视野中只见光亮一片,难以见到目的物。同时,用粗调螺旋缓慢下降载物台,直至物像出现后再用细调螺旋调节到物像清晰为止，然后移动标本，找到合适的目的物，并将其移至视野中心，准备用高倍镜观察。

4. 高倍镜观察

将高倍镜（40×）转至镜筒正下方，在转换物镜时，要从侧面注视，以防镜头与玻片相撞。调节光圈和光源，使光线亮度适中，再仔细反复转动细调螺旋，调节焦距，获得清晰物像。将染色标本移至视野中央，待油镜观察。

5. 油镜观察

用粗准焦螺旋下降载物台约2cm，将油镜转至镜筒正下方；在玻片标本的镜检部位滴上一滴香柏油。从侧面注视，小心地上升载物台，将油镜头浸在香柏油中，使镜头几乎与标本相接，应特别注意不能压在标本上，否则不仅会压碎玻片，还会损坏镜头。边看目镜，边转动粗准焦螺旋下降载物台（此时只准下降载物平台，不能向上调动），当视野中有模糊的标本物像时，改用细准焦螺旋，并移动标本直至物像清晰。观察完毕，下降载物台，取下标本。先用擦镜纸擦去镜头上的油，然后用擦镜纸蘸少许二甲苯擦去镜头上的残留油迹，最后用擦镜纸擦去残留的二甲苯。切忌用手或其他纸擦镜头，以免损坏镜头。

6. 复镜

将各部分还原，下降载物台，将物镜转成八字形，关闭电源。

显微镜的使用

【注意事项】

① 显微镜是很贵重的精密仪器，使用时要十分爱惜，各部件不要随意拆卸。搬动时必须一手拿镜臂，一手托镜座，并保持镜身垂直，切记不可一手提起，避免甩出目镜。在拿取过程中应避免震动，轻放台上。

② 使用高倍镜观察液体标本时，一定要加盖玻片，否则不仅清晰度下降，而且试液容易浸入高倍镜的镜头内，使镜片遭受污染和腐蚀。

③ 油镜使用后，一定要擦拭干净。香柏油在空气中暴露时间过长，就会变稠、干涸，很难擦拭。镜片上留有油渍，清晰度必然下降。

④ 切忌用手或其他纸擦拭镜头，以免镜头沾上污渍或产生划痕，影响观察。

 任务拓展 ▶▶▶

显微镜结构与组成

显微镜由机械装置和光学系统两大部分组成，如图2-2和图2-3所示。机械装置包括镜座、转换器、载物台、调焦装置等部件，是显微镜的基本组成部分，主要保证光学系统的准确配置和灵活调控，在一般情况下是固定不变的；光学系统由物镜、目镜、聚光器等组成，直接影响着显微镜的性能，是显微镜的核心。

1. 机械装置

（1）镜座和镜臂：镜座位于显微镜底部，用来支持全镜。镜臂用于拿握显微镜以及连接镜筒和其他部件。

（2）镜筒：上接目镜，下接物镜转换器。

（3）物镜转换器：为两个金属碟所合成的一个转盘，其上装3～4个物镜，可使每个物镜通过镜筒与目镜构成一个放大系统。

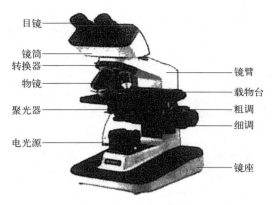

图 2-2　显微镜实物图

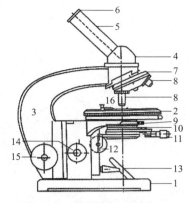

图 2-3　显微镜构造示意图

1—镜座；2—载物台；3—镜臂；4—棱镜套；5—镜筒；6—目镜；7—转换器；8—物镜；9—聚光镜；10—虹彩光圈；11—光圈固定器；12—聚光器升降螺旋；13—反光镜；14—细准焦螺旋；15—粗准焦螺旋；16—标本夹

（4）载物台：为方形或圆形的盘，用以载放被检物品，中心有一个通光孔。载物台上有标本夹，用以固定标本。

（5）调焦装置：是调节物镜和标本间距离的机件，有粗调螺旋和细调螺旋。

2. 光学系统

（1）物镜：安装在镜筒下端的转换器上，其作用是将物体做第一次放大，是决定成像质量和分辨率的重要部件。物镜上通常标有数值孔径、放大倍数、镜筒长度、焦距等主要参数。

（2）目镜：装于镜筒上端，由两块透镜组成。目镜把物镜造成的像再次放大，不增加分辨率，上面一般标有"7×""10×""15×"等放大倍数，可根据需要选用。

（3）聚光器：光源射出的光线通过聚光器汇聚成光锥照射标本，增强照明度，调节适宜的光锥角度，提高物镜的分辨力。

（4）光源：光源通常安装在显微镜的镜座内，通过按钮开关来控制。

练一练

1. 用光学显微镜的油镜和 10 倍目镜观察细菌，这时的总放大倍数是（　　）。
A. 500　　　　　　　B. 1000　　　　　　　C. 600　　　　　　　D. 2000

2. 用显微镜观察组织切片时，发现视野中有一污点，转动目镜和移动切片时，污点均不动。你认为污点最可能位于（　　）。
A. 反光镜　　　　　B. 目镜　　　　　　　C. 物镜　　　　　　　D. 装片

3. 用显微镜观察组织切片时，如果目镜不变，而物镜由"10×"转向"40×"，这时视野内细胞大小和数目变化正确的是（　　）。
A. 变大、变多　　　B. 变小、变多　　　C. 变大、变少　　　D. 变小、变少

4. 用显微镜观察组织切片时，为使视野内看到的细胞数目最多，应选用目镜和物镜的组合为（　　）。
A. 目镜 10×，物镜 40×　　　　　　　B. 目镜 5×，物镜 10×
C. 目镜 5×，物镜 40×　　　　　　　D. 目镜 10×，物镜 10×

任务二
细菌的革兰氏染色★★

工作任务

细菌革兰氏染色是细菌分类和鉴定的重要手段,通过革兰氏染色法不仅能观察到细菌的形态,还可将所有细菌区分为两大类,即染色反应呈现蓝紫色的为革兰氏阳性(G^+)菌,染色反应呈红色的为革兰氏阴性(G^-)菌,染色结果不同是因为细菌细胞壁的成分和结构不同。G^+菌细胞壁主要是由肽聚糖组成的网状结构,染色过程中,在用乙醇处理时,可由肽聚糖网孔脱水而引起网状结构中的孔径变小,通透性降低,从而使结晶紫-碘复合物被保留在细胞内而不易脱色,最终呈现蓝紫色;G^-菌细胞壁中肽聚糖含量低,而脂类物质含量高,当用乙醇处理时,脂质物质溶解,细胞壁的通透性增加,使结晶紫-碘复合物易被乙醇抽出而脱色,然后又被染上了复染液番红的颜色,因而最终呈现红色。

任务目标

1. 能说出细菌革兰氏染色的原理。
2. 能制订细菌的革兰氏染色实验方案。
3. 能对照方案完成实验,并尝试解决实验过程中出现的问题。

任务实施

一、任务准备

1. **设备和材料准备**

请对照下表准备所需物品,并在准备好的物品前面打钩:

- ☐ 光学显微镜　　　　　☐ 酒精灯＋火柴
- ☐ 载玻片　　　　　　　☐ 接种环
- ☐ 擦镜纸　　　　　　　☐ 吸管
- ☐ 吸水纸

2. **试剂**

请对照下表准备所需试剂,并在准备好的试剂前面打钩:

- ☐ 无菌生理盐水　　　　☐ 草酸铵结晶紫染色液
- ☐ 石炭酸品红染色液　　☐ 95％乙醇
- ☐ 卢戈氏碘液　　　　　☐ 0.5％番红染色液

3. **细菌材料**

细菌 A、细菌 B

二、操作步骤

革兰氏染色操作流程如图 2-4 所示。

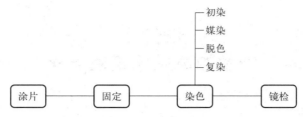

图 2-4 革兰氏染色操作流程图

1. 涂片
在一张载玻片上滴加蒸馏水后，涂布细菌。注意涂片不可过厚。

2. 固定
将制成的涂片干燥固定，固定时通过火焰1~2次，不可过热，以载玻片不烫手为宜。

3. 染色
（1）初染　将载玻片置于搁架上，加草酸铵结晶紫染色液，以盖满菌膜为宜。染色1~2min，倾去染色液，用自来水小心冲洗。

（2）媒染　滴加碘液，染1~2min，水洗。

（3）脱色　滴加95%乙醇，脱色20~25s立即水洗，终止脱色。

（4）复染　滴加番红染色液，染色3~5min，水洗。最后用吸水纸轻轻吸干。

4. 镜检
干燥后于显微镜下观察。G^-菌呈红色，G^+菌呈蓝紫色。以分散开的细菌革兰氏染色反应为准，过于密集的细菌常呈假阴性（图2-5）。

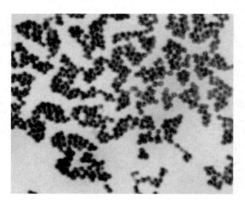
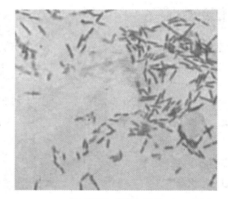

(a) 金黄色葡萄球菌染色结果　　(b) 大肠杆菌染色结果

图 2-5　革兰氏染色结果（见彩图）

5. 结果记录
请记录革兰氏染色结果，并分辨出革兰氏阳性菌或革兰氏阴性菌。如果染色结果不理想，请分析原因。

染色材料	菌体颜色	细菌形态	结果（G^+，G^-）	菌名
细菌A				
细菌B				

【注意事项】

① 涂片时要求均匀，切勿过厚。

② 革兰氏染色成败的关键是脱色时间。如时间过长，脱色过度，G^+ 菌可被脱色而被误认为是 G^-；如脱色时间过短，G^- 会被认为是 G^+。一般可用已知 G^+ 菌和 G^- 菌做练习，以掌握脱色时间。当要确证一个未知菌的革兰氏染色反应时，应同时做一张已知 G^+ 菌和 G^- 菌的混合涂片，以做对照。

细菌的革兰氏染色

③ 染色过程中勿使染色液干涸。用水冲洗后，应吸去玻片上的残水，以免染色液被稀释而影响染色效果。

④ 选用培养 16～24h 菌落的细菌为宜。若菌龄太老，会出现菌体死亡或自溶而使 G^+ 转呈 G^- 的现象。

练一练

1. 革兰氏染色法乙醇脱色步骤后革兰氏阴性菌（　　）。
  A. 呈现蓝紫色　　　B. 呈现红色　　　C. 脱去紫色　　　D. 呈现深绿色
2. 细菌革兰氏染色性不同是由于（　　）。
  A. 细胞核结构不同　　　　　　B. 细胞膜结构不同
  C. 细胞壁结构和组分不同　　　D. 中介体的有无
3. 革兰氏阴性菌细胞壁中的特有成分是（　　）。
  A. 肽聚糖　　　B. 磷壁酸　　　C. 脂蛋白　　　D. 脂多糖
4. 革兰氏染色的基本步骤不包括（　　）。
  A. 初染　　　B. 媒染　　　C. 脱色　　　D. 抗酸染色
5. 革兰氏染色的关键步骤是（　　）。
  A. 初染　　　B. 媒染　　　C. 脱色　　　D. 复染
6. 细菌涂在玻片上通过火焰的目的是（　　）。
  A. 干燥片子　　　　　　B. 加热固定片上的细胞
  C. 加热片子　　　　　　D. 以上都不是

任务拓展

细菌

细菌是一类形体微小（直径约 0.5μm，长度 0.5～5μm）、结构简单、种类繁多、主要以二分裂方式繁殖和水生性较强的单细胞原核微生物。在自然界中，细菌分布最广、数量最多，几乎可以在地球上的各种环境下生存。在温暖、潮湿和富含有机物质的地方，都有大量的细菌活动。它们在大自然物质循环中处于极为重要的分解者地位。

（一）细菌的形态

细菌细胞有球状、杆状和螺旋状3种基本形态，分别称为球菌、杆菌和螺旋菌（图2-6），其中以杆菌最为常见，球菌次之，螺旋菌较少见。仅有少数细菌或一些细菌在培养条件不正常时呈现出其他形状，如丝状、三角形、方形和星形等。

（1）球菌　球菌单独存在时，细胞呈球形或近球形，一般直径为 0.5～2μm，根据其繁殖时细胞分离方向及分裂后的排列方式不同可分为单球菌、双球菌、链球菌、四链球菌、八叠球菌和葡萄球菌。

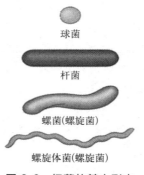

图 2-6 细菌的基本形态

(2) 杆菌 杆菌细胞呈杆状或圆柱状，长 1～8μm，宽 0.5～1.0μm，径长比不同，呈短粗状或细长状，形态多样，是细菌中种类最多的。根据细胞分离后是否相连或其排列方式不同，分为单杆菌、双杆菌和链球菌。

(3) 螺旋菌 细胞呈弯曲杆状的细菌统称为螺旋菌，常以单细胞分散存在。根据其长度、螺旋数目和螺距等差别，分为弧菌、螺菌和螺旋体菌三种。菌体呈弧形或逗号状，螺旋不足一周的称为弧菌。菌体坚硬，回转如螺旋状，螺旋满 2～6 周的称为螺菌。菌体柔软，回转如螺旋状，螺旋超过 6 周的称为螺旋体菌。

细菌的形态不是一成不变的，在环境因素如培养时间、温度、培养基的组成与浓度、菌龄、有害物质等影响下，细菌形态有时会发生变化。一般来说，幼龄时期的菌体生长条件适宜，形态正常、整齐；老龄时易出现异常形态。

(二) 细菌细胞的结构

细菌的细胞结构（图 2-7）可分为两部分：一是不变部分或基本结构，如细胞壁、细胞膜、核质体和核糖体，为全部细菌细胞所共有；二是可变部分或特殊结构，如鞭毛、菌毛、荚膜、芽孢和气泡等，这些结构只在部分细菌中发现，可能具有某些特定功能。

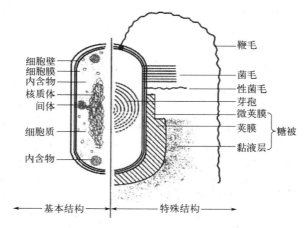

图 2-7 细菌细胞结构模式图

1. 基本结构

(1) 细胞壁 细胞壁是包围在菌体最外层的较坚韧且富有弹性的无色透明薄膜，其质量约占细胞干重的 10%～25%，其功能主要是维持细胞形状、提高机械强度、保护细胞免受机械性或其他破坏。细胞壁可阻拦酶蛋白和某些抗生素等大分子物质进入细胞，保护细胞免受溶菌酶、消化酶等物质的损伤。

细菌经革兰氏染色可分为革兰氏阳性（G^+）菌和革兰氏阴性（G^-）菌两大类，前者染色后呈蓝紫色，后者为红色。革兰氏染色是重要的细菌鉴别法。

如图 2-8 所示，G^+ 菌的细胞壁厚，结构简单，其化学组成以肽聚糖为主，这是原核微生物所特有的成分，占细胞壁物质总量的 40%～90%。肽聚糖是由双糖单位、四肽"尾"和肽"桥"组成的大分子复合物。75% 的肽聚糖亚单位交错连接，形成多层重叠、坚硬且具高机械强度的三维网格结构。G^+ 菌细胞壁除肽聚糖外，还含有大多数 G^+ 菌所特有的磷壁酸和少量脂肪。

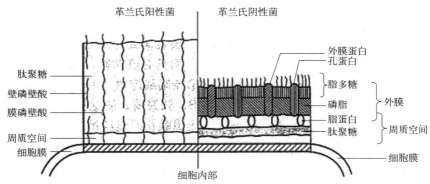

图 2-8 革兰氏阳性菌和革兰氏阴性菌细胞壁结构比较

G^- 菌的细胞壁很薄，结构较复杂，分为内壁层和外壁层，主要成分为脂多糖、磷脂、脂蛋白和肽聚糖。内壁层紧贴细胞膜，由少量肽聚糖组成，仅占细胞壁干重的 5%～10%，其网状结构不及 G^+ 菌坚固。外壁层又分为三层，最外层为脂多糖层，中间为磷脂层，内层为脂蛋白层。脂多糖为 G^- 菌细胞壁的主要成分，具有保护细胞作为表面抗原和噬菌体吸附位点的作用，也是一些致病菌内毒素的基础。

G^+ 菌与 G^- 菌细胞壁成分的比较见表 2-1。

表 2-1　G^+ 菌与 G^- 菌细胞壁成分的比较

细菌	壁厚度/nm	肽聚糖含量/%	磷壁酸/%	蛋白质/%	脂多糖	脂肪/%
G^+ 菌	20～80	40～90	含量较高（<50%）	约 20	无	1～4
G^- 菌	10	5～10	0	约 60	有	11～22

（2）细胞膜　细胞膜又称细胞质膜、原生质膜或质膜（图 2-9），是包围细胞质的柔软、弹性和半透性薄膜，由蛋白质（60%～70%）和磷脂（30%～40%）组成。磷脂双层排列亲水基向膜内外表面，疏水基在膜内侧。蛋白质有的穿透磷脂层，有些位于表面。另外，还有少量多糖。细胞膜是具有高度选择性的半透膜，含有丰富的酶系和多种膜蛋白，具有重要的

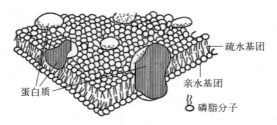

图 2-9 细胞膜结构模式图

生理功能，包括控制着营养物质和代谢产物的进出，维持渗透压；参与细胞壁和糖生物合成，以及在细菌中进行电子传递和ATP（腺嘌呤核苷三磷酸）合成。

（3）细胞质及内含物　细胞质是细胞膜以内、核以外的无色透明、黏稠的复杂胶体，亦称原生质，其主要成分为蛋白质、核酸、多糖、脂类、水分和少量无机盐类。细胞质中含有许多酶系，是细菌新陈代谢的主要场所。

内含物是很多细菌在物质丰富时细胞内聚合的贮藏颗粒，其种类和数量随环境条件而异。当营养缺乏时，这些颗粒又会被分解利用。

（4）核质体和质粒　核质体是原核生物所特有的无核膜结构的原始细胞核，又称原核或拟核，位于细胞中部，多呈球形、棒状或哑铃状。除多核丝状菌体外，在正常情况下1个细胞只含有1个原核。核质体结构简单，由一条大型环状双链DNA（脱氧核糖核酸）分子高度折叠缠绕而成。以大肠杆菌为例，菌体长度仅为$1 \sim 2 \mu m$，而其DNA长度可达$1100 \mu m$。

质粒是很多细菌存在的染色体以外的遗传物质，能独立复制，为共价闭合环状双链DNA分子。每个菌体可以含有一个到多个质粒。质粒携带部分遗传信息，具有各种特定的表型效应，对微生物本身具有重要意义，在遗传工程研究中是外源基因的重要载体。

2. 特殊结构

（1）荚膜　荚膜是某些细菌在一定条件下分泌至细胞壁表面的一层松散、透明、黏度极大、黏液状或胶质状的物质，其化学成分主要为水和多糖。荚膜不易着色，可用负染法观察，透明区即为荚膜（图2-10）。

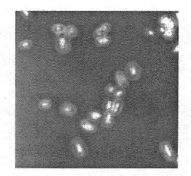

图2-10　细菌负染色显微镜图

荚膜虽然不是细胞的重要结构，但它是细胞外碳源和能源性储藏物质，并能保护细胞免受干燥的影响，同时能增加某些病原菌的致病能力，使之抵御宿主吞噬细胞的吞噬。例如能引起肺炎的肺炎双球菌Ⅲ型，如果失去了荚膜，则成为非致病菌。

（2）鞭毛　鞭毛是由细胞膜和细胞壁伸出细胞外面的蛋白质组成的丝状体结构，使细菌具有运动性。鞭毛的主要化学成分为蛋白质，有少量的多糖或脂类。鞭毛易脱落，非常纤细，其直径仅为$10 \sim 20 nm$，长度往往超过菌体若干倍，经特殊染色法可在光学显微镜下观察到。

大多数球菌不生鞭毛；杆菌中有的生鞭毛，有的不生鞭毛；螺旋菌一般都生鞭毛。鞭毛一般有三类，为单生鞭毛、丛生鞭毛和周生鞭毛（图2-11）。

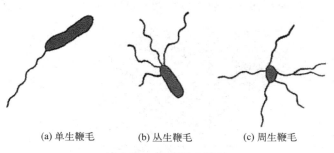

(a) 单生鞭毛　　(b) 丛生鞭毛　　(c) 周生鞭毛

图2-11　细菌鞭毛类型

(3) 菌毛　菌毛是某些革兰氏阴性菌和少数革兰氏阳性菌细胞上长出的数目较多、短而直的蛋白质丝或细管，分布于整个菌体［图2-12（a）］。菌毛不是细菌的运动器官，从功能上分有两种：一种是普通菌毛，能使细菌附着在某物质或液面上形成菌膜；另一种是性菌毛，比普通菌毛长，一般常见于G^-菌的雄性菌株（F^+菌）中，其功能是细菌在接合过程中向无菌毛的雌性菌株（F^-菌）传递遗传物质［图2-12（b）］。

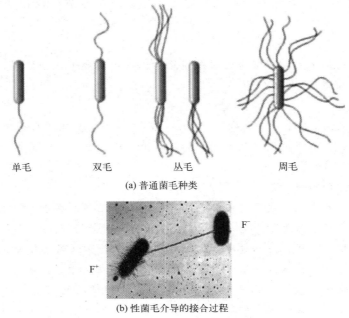

图2-12　菌毛

(4) 芽孢　芽孢，是某些细菌在生长发育后期，在细胞内形成的一个圆形或椭圆形、壁厚、折射率强、含水量低、抗逆性强的休眠构造，无繁殖功能。是由细菌的DNA和外部多层蛋白质及肽聚糖包围而构成的，对干燥和热具有高度抗性（图2-13）。肉毒梭状芽孢杆菌的芽孢在100℃沸水中要经过5~9.5h才能被杀死；在121℃时平均需要10min才能杀死。在常规条件下，一般可存活几年甚至几十年。

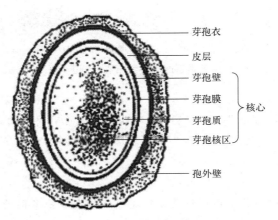

图2-13　芽孢的结构模式

（三）细菌的繁殖

细菌一般进行无性繁殖，表现为细胞的横分裂，称为裂殖。绝大多数类群在分裂时产生大小相等和形态相似的两个子细胞，称作同形裂殖。其主要过程如下。

1. 核质分裂

细菌分裂前先进行 DNA 复制，形成 2 个原核；随着细菌的生长，原核彼此分开，同时细胞膜向细胞质延伸，然后闭合，形成细胞质隔膜，使细胞质和原核分开，即完成核质分裂。

2. 横隔壁形成

随着细胞膜向内延伸，细胞壁同时向四周延伸，最后闭合形成横隔壁，这样便产生两个子细胞。

细菌的二分裂

3. 子细胞分裂

前 2 个过程完成后，2 个子细胞即开始分离，形成 2 个完整独立的新细胞。根据菌种不同，形成不同的排列形式，如双球菌、双杆菌、链球菌等。

（四）细菌的培养特征

1. 固体培养基上的群体形态

细菌在固体培养基上生长发育，几天内即可由一个或几个细菌分裂繁殖为成千上万个细菌，聚集在一起形成肉眼可见的群体，称为菌落。如果一个菌落是由一个细菌菌体生长、繁殖而成，则称为纯培养。因此可通过单菌落计数的方法来计数细菌的数量。当固体培养基表面众多菌落连成一片时，便成为菌苔。

各种细菌在一定培养条件下形成的菌落具有一定的特征，包括菌落的大小、形状、光泽、颜色、硬度、透明度等。菌落的特征对菌种的识别、鉴定有一定意义（图 2-14）。

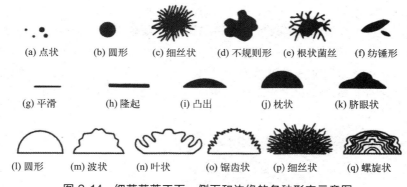

图 2-14　细菌菌落正面、侧面和边缘的各种形态示意图

2. 半固体培养基上的群体形态

用穿刺接种技术将细菌接种在含 0.3%～0.5% 琼脂的半固体培养基中培养，可观察细菌的动力。有鞭毛菌可突破低浓度琼脂，扩散至培养基穿刺线以外，使穿刺线变混浊。无鞭毛菌只能沿穿刺线生长，穿刺线清晰（图 2-15）。

3. 液体培养基上的群体形态

细菌在液体培养基中生长，因菌种及需氧型等不同表现出不同的特征。当菌体大量增殖时，有的在培养基中形成均匀一致的浑浊液，有的形成沉淀，有的形成菌膜漂浮在液体表面（图 2-16）。有些细菌在生长时还可同时产生气泡、酸、碱和色素等。

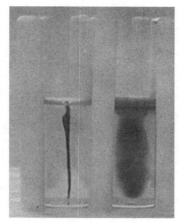

无鞭毛菌　　　有鞭毛菌

图 2-15　细菌在半固体培养基上的生长特征

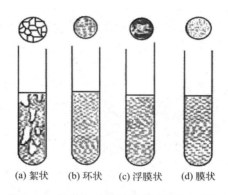

(a) 絮状　　(b) 环状　　(c) 浮膜状　　(d) 膜状

图 2-16　细菌在液体培养基中的生长特征

练一练

1. 细菌的鞭毛是（　　）。
   A. 细菌运动的唯一器官　　　　　　B. 细菌的一种运动器官
   C. 细菌的一种交配器官　　　　　　D. 细菌的繁殖器官
2. 细菌的繁殖方式为（　　）。
   A. 二分裂　　　　B. 纵裂　　　　C. 横裂　　　　D. 出芽
3. 下列生物不存在细胞壁的是（　　）。
   A. 细菌　　　　B. 放线菌　　　　C. 酵母菌　　　　D. 哺乳动物细胞
4. 有关细菌的菌毛，下列说法不正确的是（　　）。
   A. 分普通菌毛和性菌毛　　　　　　B. 普通菌毛遍布细菌表面
   C. 普通菌毛能使细菌具有附着能力　　D. 带有性菌毛的菌为雌性菌
5. 有关细菌的描述，不正确的是（　　）。
   A. 一般具有细胞壁　　　　　　　　B. 个体微小、结构简单
   C. 有成形的细胞核　　　　　　　　D. 无核膜，无核仁

6. 大多数荚膜的化学组成有（　　）。
A. 脂多糖　　　　　B. 蛋白质　　　　　C. 多糖　　　　　D. 磷壁酸

7. 图示细菌的三种形态，图中甲、乙、丙依次是（　　）。

 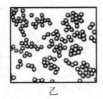 

甲　　　　　　　　　　乙　　　　　　　　　　丙

A. 球菌、杆菌、螺旋菌　　　　　　　B. 球菌、螺旋菌、杆菌
C. 螺旋菌、杆菌、球菌　　　　　　　D. 杆菌、球菌、螺旋菌

8. 细菌的基本结构不包括（　　）。
A. 细胞壁　　　　B. 细胞膜　　　　C. 鞭毛　　　　D. 细胞质

9. 细菌的特殊结构不包括（　　）。
A. 菌毛　　　　　B. 鞭毛　　　　　C. 核质体　　　　D. 荚膜

10. 对外界抵抗力最强的细菌结构是（　　）。
A. 细胞壁　　　　B. 核糖体　　　　C. 芽孢　　　　D. 鞭毛

11. 球菌在一个平面上连续分裂后，连成三个或三个以上或长或短的链状，这种细菌称（　　）。
A. 葡萄球菌　　　B. 双球菌　　　　C. 链球菌　　　　D. 四链球菌

12. 细菌的芽孢是（　　）。
A. 一种繁殖方式　　　　　　　　B. 细菌生长发育的一个阶段
C. 一种运动器官　　　　　　　　D. 一种细菌接合的通道

任务三
霉菌的直接制片观察 ★

工作任务

霉菌可产生复杂分枝的菌丝体，分基内菌丝和气生菌丝，气生菌丝生长到一定阶段分化产生繁殖菌丝，再由繁殖菌丝产生孢子。霉菌菌丝体（尤其是繁殖菌丝）及孢子的形态特征是识别不同种类霉菌的重要依据。霉菌菌丝和孢子的宽度通常比细菌和放线菌粗得多（约 $3\sim10\mu m$），通常是细菌菌体宽度的几倍至几十倍，在低倍显微镜下即可进行观察。

某检验机构对食品公司的产品进行抽检，重点检查霉菌，在鉴定试验过程中发现了可疑菌落，需要对其在显微镜下进行观察，从形态学上进行初步判断。

任务目标

1. 能根据需求准备足量的实验试剂。
2. 能对霉菌进行制片，并利用直接观察法进行判断。

任务实施

一、任务准备

1. 仪器、器皿准备

请对照下表准备所需物品，并在准备好的物品前面打钩：

- ☐ 显微镜
- ☐ 盖玻片
- ☐ 吸管
- ☐ 载玻片
- ☐ 镊子
- ☐ 接种环

2. 试剂

请对照下表准备所需试剂，并在准备好的试剂前面打钩：

- ☐ 乳酸石炭酸棉蓝染色液
- ☐ 50%乙醇
- ☐ 20%甘油

3. 微生物材料

霉菌培养物。

二、直接制片观察法

在干净载玻片上滴一滴乳酸石炭酸棉蓝染色液，用接种环从霉菌菌落的边缘处取少量带有孢子的菌丝，先置于50%乙醇中浸一下，以洗去脱落的孢子，再置于染色液中，小心将菌丝挑散开，然后盖上盖玻片，置于显微镜下先用低倍镜观察，必要时再换高倍镜（图2-17）。注意挑菌和制片时要细心，尽可能保持霉菌自然生长状态。加盖玻片时，注意不要产生气泡。

  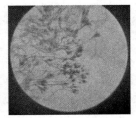

图 2-17 霉菌直接制片观察法图像

任务拓展

霉菌

真核微生物是指细胞核有核仁和核膜，能进行有丝分裂，细胞质中存在线粒体和内质网等细胞器的微生物。真核微生物主要包括真菌、单细胞藻类、黏菌和原生动物，其中真菌又分为酵母菌、丝状真菌（霉菌）和大型真菌（蕈菌）三类。下面，我们来认识一下霉菌。霉菌一般是指"会引起物品霉变的真菌"，在自然界中的分布十分广泛，只要有有机物存在的地方就会有霉菌的踪迹。

1. 霉菌的形态

霉菌的营养体由菌丝构成，菌丝在固体培养基表面产生分枝，许多菌丝交织在一起，形成菌丝体。菌丝的宽度约为 $3\sim10\mu m$，比一般细菌及放线菌菌丝粗几倍到几十倍，但其长度却可以无限延伸。

霉菌菌丝分为有隔菌丝和无隔菌丝（图 2-18）。无隔菌丝为长管状单细胞，细胞质内含有多个细胞核；有隔菌丝中都有隔膜，隔膜将菌丝分为一个个细胞。整个菌丝体由很多细胞组成，每个细胞中含有一个或多个细胞核。隔膜上有一个或多个小孔，以利于细胞之间细胞质的自由流通和物质交换。

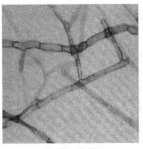 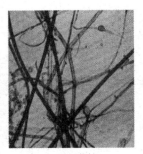

(a) 有隔菌丝　　　　　　(b) 无隔菌丝

图 2-18 霉菌的两种菌丝

2. 霉菌的结构

霉菌细胞的基本构造和酵母菌十分相似，有细胞壁、细胞膜、细胞核、内质网、线粒体等，比原核细胞复杂。细胞壁厚度约 $100\sim250$ mm。除少数霉菌细胞壁中含有纤维素外，大多数霉菌的细胞壁以几丁质为主。细胞膜厚约 $7\sim10$ nm。细胞核有完整的核结构，直径 $0.7\sim3\mu m$，具有核膜，核内有多条染色体，并有核仁。霉菌细胞质内还有丰富的膜状结构

（内质网）、核蛋白体、线粒体和大量的酶，以及各种贮藏物质，如肝糖、脂肪滴、异染颗粒等（图2-19）。幼龄细胞原生质分布均匀，老龄细胞则有大的液泡。

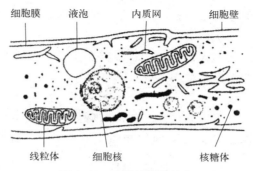

图2-19　霉菌的细胞结构

3.霉菌的繁殖

霉菌的繁殖能力很强，而且方式多样。菌丝片段可以生长成新的菌丝，即断裂增殖。此外，菌丝还可以通过无性或有性方式产生多种孢子。霉菌的孢子一般小、轻、干、多，而且休眠期长、抗逆性强。

（1）无性孢子繁殖　霉菌的无性孢子繁殖主要是通过产生无性孢子的方式来实现的。无性孢子仅由营养细胞的分裂或是营养菌丝的分化而形成，常见的无性孢子有孢囊孢子、分生孢子等。

（2）有性孢子繁殖　两个不同的性细胞结合从而产生新个体的过程称为有性孢子繁殖。霉菌的有性孢子繁殖过程复杂且多变，一般分为以下三个阶段：质配、核配、减数分裂。

4.霉菌的菌落特征

霉菌的菌丝较粗且长，因而霉菌的菌落较大，有的霉菌菌丝蔓延，没有局限性，其菌落可扩展到整个培养皿；有的则有一定的局限性，其直径为1～2cm或更小。菌落质地一般比放线菌疏松，外观干燥，不透明，呈现或紧或松的蛛网状、绒毛状或棉絮状；菌落与培养基连接紧密，不易挑取；菌落正反面颜色及边缘与中心的颜色常不一致（图2-20）。

霉菌

　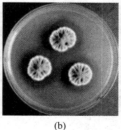　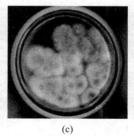　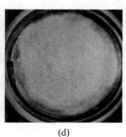
　　(a)　　　　　　　　　(b)　　　　　　　　　(c)　　　　　　　　　(d)

图2-20　不同霉菌的菌落形态（见彩图）
（a）曲霉；（b）青霉；（c）毛霉；（d）根霉

练一练

1. 馒头、面包上生长的是曲霉，腐烂的水果上生长的是青霉。青霉、曲霉的生殖方式是（　　）。

   A. 孢子生殖　　　　B. 分裂生殖　　　　C. 出芽生殖　　　　D. 结合生殖

2. 下列不属于原核细胞型微生物的是（　　）。

   A. 支原体　　　　B. 霉菌　　　　C. 螺旋体　　　　D. 放线菌

3. 霉菌的菌落有何特点？可以列出 3 个关键词吗？

4. 结合项目一中学习的有关消毒灭菌的知识，请思考一下如果实验室中出现了霉菌污染，该如何处理呢？

任务四
酵母菌的美蓝浸片观察 ★

工作任务

酵母菌是单细胞真核微生物，体积比细菌大数倍。通过美蓝（又称亚甲基蓝）染色水浸片可以观察酵母菌形态和其出芽生殖（也称芽殖）方式。美蓝是一种无毒性染料，其氧化型为蓝色，还原型为无色。酵母活细胞因具有较强的还原能力，能使美蓝变为无色，而死细胞或代谢缓慢的老细胞因则被美蓝染成蓝色或淡蓝色。因此，美蓝水浸片不仅用于观察酵母形态，还可区分死细胞与活细胞。

某检验机构对食品公司的产品进行抽检，重点检查酵母菌，在鉴定试验过程中发现了可疑菌落，需要对其在显微镜下进行观察，从形态学上进行初步判断。

任务目标

1. 能根据需求准备足量的实验试剂。
2. 能对酵母菌进行制片并观察。

任务实施

一、任务准备

1. 仪器、器皿准备

请结合所学知识，将所需物品补充完整：
- ☐ 显微镜 ☐ 载玻片
- ☐ ☐
- ☐ ☐

2. 试剂

请对照下表准备所需试剂，并在准备好的试剂前面打钩：
- ☐ 0.1%吕氏碱性美蓝染液 ☐ 卢戈氏碘液
- ☐ 50%乙醇

3. 微生物材料

酵母培养物。

二、美蓝浸片法

① 在载玻片中央加一滴0.1%吕氏碱性美蓝染液，然后按无菌操作法取酵母少许，放在美蓝染液中，使菌体与染液均匀混合。滴液不可过多或过少，以免盖上盖玻片时溢出或留有气泡。

② 用镊子取盖玻片一块，小心地盖在液滴上。盖片时应注意，不能将盖玻片平放下去，

应先将盖玻片的一边与液滴接触，然后将整个盖玻片缓缓放下，这样可避免产生气泡。

③ 将制好的水浸片放置约 3min 后镜检。先用低倍镜观察，然后用高倍镜观察酵母菌形态和出芽情况，并根据是否染上颜色区分死细胞与活细胞。

④ 染色 30min 后，再观察死细胞数是否增加。

  练一练 ▶▶▶

请尝试画出你所观察到的酵母细胞形态和出芽情况。

  任务拓展 ▶▶▶

酵母菌

酵母菌是一类非丝状真核细胞型微生物，通常以单细胞形式存在，以芽殖或裂殖方式进行无性繁殖，在自然界中分布广泛，主要分布于偏酸性的含糖环境中。

1. 酵母菌的形态与大小

酵母菌细胞的形态通常有球形、卵圆形、腊肠形、椭圆形、柠檬形或藕节形（图 2-21），比细菌的单细胞个体要大得多，一般宽 1~5μm，长 5~30μm。酵母菌无鞭毛，不能游动。有的酵母菌进行一连串的芽殖后，子细胞和母细胞并不立即分离，连在一起形成藕节状的细胞串，称为假菌丝。

2. 酵母菌的细胞构造

酵母菌的细胞与细菌的细胞一样有细胞壁、细胞膜和细胞质等基本结构，以及核糖体等细胞器。此外，酵母菌细胞还具有真核细胞所特有的结构和细胞器，如细胞核有核仁和核膜，其 DNA 与蛋白质结合形成染色体，能进行有丝分裂，细胞质中有线粒体、中心体、内质网和高尔基体等细胞器，以及多糖、脂类等贮藏颗粒（图 2-22）。酵母菌细胞的细胞壁的成分主要是葡聚糖和甘露聚糖。

3. 酵母菌的繁殖方式

酵母菌具有无性繁殖和有性繁殖两种繁殖方式，大多数酵母菌以无性繁殖为主。无性繁殖包括芽殖、裂殖和产生无性孢子，有性繁殖主要是产生子囊孢子。繁殖方式对酵母菌的鉴定极为重要。

（1）无性繁殖

① 芽殖。芽殖是酵母菌最普遍的一种无性繁殖方式。子代新酵母细胞从母细胞上分离后可在母细胞上留下一个芽痕（图 2-23）。酵母菌的芽殖方式有：单端出芽、两端出芽、三边出芽和多边出芽。

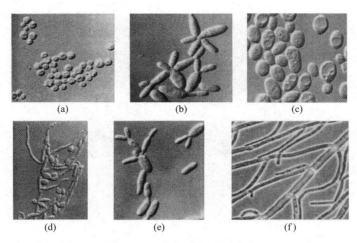

图 2-21 酵母菌的细胞形态
(a) 面包酵母；(b) 裂殖酵母；(c) 拟球酵母；(d) 假丝酵母；(e) 汉逊酵母；(f) 毕赤酵母

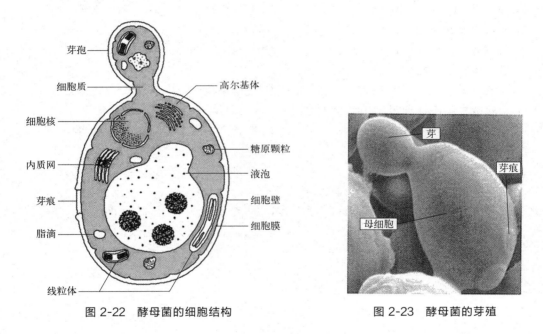

图 2-22 酵母菌的细胞结构　　　　　图 2-23 酵母菌的芽殖

② 裂殖。酵母菌的裂殖与细菌裂殖相似，是借细胞横向分裂而繁殖，是少数酵母菌所进行的一种无性繁殖方式。

(2) 有性繁殖　酵母菌以形成子囊和子囊孢子的方式进行有性繁殖，分为三个阶段：质配、核配和减数分裂。

4. 酵母菌的菌落特征

酵母菌为单细胞微生物，细胞较粗短，细胞间充满毛细管水，故它们在固体培养基表面形成的菌落也与细菌相仿：湿润、较光滑，有一定的透明度，容易挑起，菌落质地均匀，正反面及边缘和中央部位的颜色都很均一（图 2-24）。酵母菌菌落特征是酵母菌分类鉴定的重要依据。

项目二　微生物的形态观察

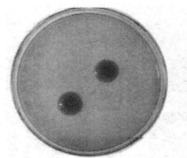

图 2-24 红酵母和啤酒酵母菌落

练一练

1. 细菌用分裂方式繁殖后代，而酵母菌最常见的繁殖方式为（　　）。
A. 出芽生殖　　　　B. 分裂生殖　　　　C. 有性生殖　　　　D. 孢子生殖

2. 可以形成假菌丝的是（　　）。
A. 链霉菌　　　　B. 酵母　　　　C. 根霉　　　　D. 毛霉

3. 酵母菌的菌落类似于（　　）。
A. 霉菌菌落　　　　B. 链霉菌菌落　　　　C. 细菌菌落　　　　D. 支原体菌落

4. 下列微生物不能通过细菌滤器的是（　　）。
A. 噬菌体　　　　B. 酵母菌　　　　C. 病毒　　　　D. 真菌病毒

5. 细菌是单细胞的原核生物，以下由一个细胞构成的真核生物是（　　）。
A. 黄曲霉　　　　B. 香菇　　　　C. 酵母菌　　　　D. 平菇

6. 制作面包、馒头常用的发酵剂为（　　）。
A. 乳酸菌　　　　B. 啤酒酵母　　　　C. 毛霉　　　　D. 米曲霉

任务五
扦片法观察放线菌形态★★

工作任务

扦片法也称插片法，是将放线菌接种在琼脂平板上，斜插入无菌盖玻片后培养，使放线菌菌丝沿着培养基表面与盖玻片的交接处生长而附着在盖玻片上，见图2-25。观察时，轻轻取出盖玻片，置于载玻片上直接镜检。这种方法可观察到放线菌自然生长状态下的特征，且便于观察其不同生长期的形态。

在本任务中将学习使用扦片法观察放线菌形态。

图 2-25 扦片法

任务目标

1. 能根据需求准备足量的实验试剂。
2. 能选择合适的方法观察放线菌形态。

任务实施

一、任务准备

1. 仪器、器皿准备

请结合所学知识，将所需物品补充完整：

- ☐ 显微镜   ☐ 载玻片
- ☐ 盖玻片   ☐ 平板
- ☐ 接种环   ☐

2. 试剂

请对照下表准备所需试剂，并在准备好的试剂前面打钩：

- ☐ 高氏1号培养基   ☐ 0.1%美蓝
- ☐ 50%乙醇

3. 微生物材料

放线菌培养物。

二、扦片法

（1）倒平板　将灭菌后的高氏1号培养基（冷却至大约50℃）倒入培养皿，每个培养皿倒入15mL左右，凝固后备用。

（2）接种　用接种环挑取菌种斜面培养物（孢子）在琼脂平板上划线接种。划线要密一些，以利于扦片。

（3）扦片　以无菌操作用镊子将灭菌的盖玻片以大约 45°角扦入琼脂内（扦在接种线上），扦片数量可根据需要而定。

（4）培养　将扦片平板倒置，在 28℃下培养，培养时间根据观察的目的而定，通常 3～5d。

（5）镜检　用镊子小心拔出盖玻片，擦去背面培养物，将有菌的一面朝上放在载玻片上，直接镜检。观察时，宜用略暗光线，先用低倍镜找到适当视野，再换高倍镜观察。如果用 0.1% 美蓝对经培养的盖玻片进行染色后再观察，效果会更好。

练一练 ▶▶▶

请尝试画出你所观察到的放线菌细胞形态。

任务拓展 ▶▶▶

放线菌

放线菌是一类主要呈菌丝状生长和以孢子繁殖的陆生性较强的单细胞原核微生物，大部分是腐生菌，少数为寄生菌。放线菌菌落中的菌丝常从一个中心向四周呈辐射状生长，并因此而得名。

放线菌广泛分布在含水量较低、有机物较丰富和呈弱碱性的土壤中。泥土所特有的"泥腥味"，主要由放线菌产生的土臭味素所引起。

放线菌与人类的关系极其密切，产生许多对临床和农业有用的抗生素。放线菌还可用于生产各种酶和维生素。此外，它在甾体转化、石油脱蜡、烃类发酵、污水处理等方面也有所应用。有的菌还能与植物共生，固定大气中游离态的氮。由于放线菌有很强的分解纤维素、石蜡、琼脂、角蛋白和橡胶等复杂有机物的能力，故它们在自然界物质循环和提高土壤肥力等方面有着重要的作用。此外，少数放线菌也能引起人、畜和植物疾病，如马铃薯疮痂病和人畜共患的诺卡菌病等。

1. 放线菌的形态和结构

放线菌菌体为单细胞，大多数由分枝发达的菌丝组成。根据放线菌菌丝的形态和功能分为营养菌丝、气生菌丝和孢子丝三种（图 2-26）。

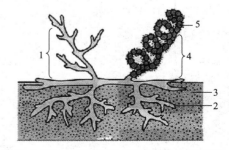

图 2-26　放线菌的一般形态和构造特征
1—气生菌丝；2—营养菌丝；3—固体基质；
4—孢子丝；5—分生孢子

(1) 营养菌丝 也称基内菌丝，匍匐生长于培养基内，菌丝无分隔，直径很小，约0.2～0.8μm，长度不定，短的小于100μm，长的可达600μm。可产生各种水溶性和脂溶性色素，颜色丰富，水溶性的色素使培养基着色，脂溶性色素则只能使菌落呈现颜色，色素是鉴定菌种的重要依据。营养菌丝的主要生理功能是吸收营养和排泄代谢产物。

(2) 气生菌丝 营养菌丝发育到一定时期，长出培养基外并伸向空间的菌丝为气生菌丝。气生菌丝的功能是使多核菌丝生成横隔进而分化形成孢子丝。

(3) 孢子丝 当气生菌丝发育到一定程度时，其上分化出的可形成孢子的菌丝即为孢子丝。孢子丝的排列方式随菌种不同而不同（图2-27），是分类的依据。孢子丝长到一定阶段，可形成分生孢子，孢子形态多样，有球形、椭圆形、杆状、瓜子状、梭状和半月形等，孢子表面结构也是放线菌菌种鉴定的重要依据。

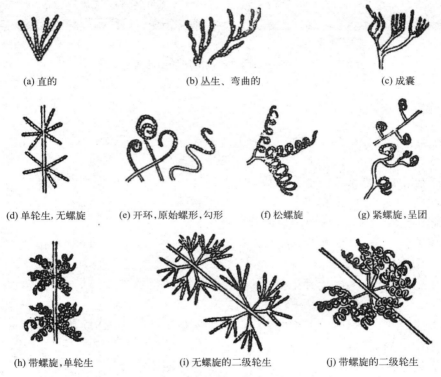

图2-27 放线菌孢子丝的类型

2. 放线菌的繁殖

放线菌主要通过形成无性孢子的方式进行繁殖，也可借菌体断裂片段繁殖。放线菌产生的无性孢子主要有分生孢子和孢子囊孢子。大多数放线菌（如链霉菌属）生长到一定阶段，一部分气生菌丝形成孢子丝，孢子丝成熟便分化形成许多孢子，称为分生孢子。

放线菌

3. 放线菌的菌落特征

放线菌的菌落由菌丝体组成，一般为圆形，可能平坦或有皱褶。放线菌的菌落特征因菌种而异。一类是产生大量分枝的营养菌丝和气生菌丝的菌种，菌丝细，生长缓慢，形成致密、干燥、多皱的小菌落与培养基结合，难以挑取，产生孢子后，则呈粉状或絮状。气生菌丝有时呈同心环状。另一类是不产生大量菌丝体的菌种（如诺卡菌），菌落黏着力较差，易粉碎。菌丝和孢子常含有色素，使菌落正面和背面呈现不同颜色。正面是气生菌丝和孢子的颜色，背面是营养菌丝或所产生色素的颜色（图 2-28）。

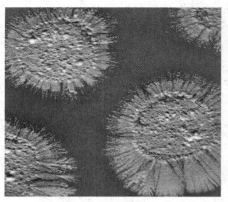
(a) 链霉菌菌落

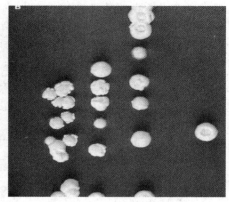
(b) 诺卡菌菌落

图 2-28　两种不同的放线菌菌落

练一练

1. 放线菌在自然界中分布很广，主要生活在（　　）中。
   A. 海水　　　　　B. 河水　　　　　C. 土壤　　　　　D. 空气
2. 医药上用来消炎杀菌的链霉素和金霉素是从（　　）类生物中提取的。
   A. 放线菌　　　　B. 酵母菌　　　　C. 霉菌　　　　　D. 病毒
3. 放线菌是靠（　　）吸收现成的营养物质。
   A. 营养菌丝　　　B. 气生菌丝　　　C. 孢子　　　　　D. 营养菌丝和气生菌丝
4. 放线菌的生殖方式是（　　）。
   A. 孢子生殖　　　B. 出芽生殖　　　C. 菌丝体生殖　　D. 分裂生殖
5. 多数放线菌的营养方式是进行（　　）。
   A. 自养生活　　　B. 异养生活　　　C. 腐生生活　　　D. 寄生生活
6. 放线菌的结构特点是（　　）。
   A. 没有细胞核　　　　　　　　　　B. 有叶绿体
   C. 没有成形的细胞核　　　　　　　D. 有细胞核
7. 放线菌是（　　）微生物。
   A. 单细胞原核　　B. 单细胞真核　　C. 多细胞原核　　D. 多细胞真核
8. 下列对微生物菌落描述正确的是（　　）。
   A. 在固体培养基上菌落干燥、不透明，表面呈致密的丝绒状，上有薄层彩色的干粉；菌落正反面颜色常不一致，这是细菌的菌落形态
   B. 与细菌菌落相似，湿润、光滑、质地均匀，颜色均一，菌落较厚，有酒香味，这是放线菌的菌落形态
   C. 菌落质地疏松，外观干燥，呈现蛛网状、绒毛状或棉絮状，这是放线菌的菌落形态
   D. 与细菌菌落相似，湿润、光滑、质地均匀，颜色均一，菌落较厚，有酒香味，这是酵母菌的菌落形态

拓展阅读

让瘟疫无处遁形的"细菌学之父"——罗伯特·科赫

1882年，罗伯特·科赫向医学界发表了他对结核病的研究成果，宣告他找到了结核病的病原体，即结核分枝杆菌。他也因此获得了1905年的诺贝尔生理学或医学奖。

众所周知，传染病是人类健康的大敌。长久以来，人们一直都不知道"瘟疫"到底是什么。它看不见摸不着，却能在短短几天内将一座城"掏空"。人们不知道它因何而起，更不知道如何预防它，剩下的就只有恐慌。

直到他的出现，才让可怕的瘟疫现了形，让人们认识到原来瘟疫是可以被看到的，也是可以被消灭的。他就是德国著名医生和细菌学家，世界病原细菌学的奠基人和开拓者——罗伯特·科赫。他首次证明了一种特定的微生物是特定疾病的病原，阐明了特定细菌会引起特定疾病的观点。在成功找到引起炭疽病的祸根——炭疽杆菌后，科赫却怎么也找不到引起结核病的致病菌，这令他百思不得其解，经过无数次实验后，科赫突然意识到，也许结核菌是透明的，只有将它染色才能观察到。

于是，科赫用各种染料给病灶组织染色：结晶紫、美蓝、伊红、刚果红……常用的染料他都试了个遍，却仍然一无所获。可是科赫没有放弃。最终，在亚甲蓝染色后的组织中，他发现了一种从未见过的细菌。科赫终于发现了蓝色、细长的小杆状体——结核分枝杆菌！

从科赫完整的实验记录中可以看到，他一共研究了98例人体结核病、34例动物结核病，接种了496头实验动物，取得了43份纯培养，并在200头动物中进行菌毒试验。不知从多少次失败中才获得成功！

多年的细菌研究，让科赫总结出一套科学验证方法——科赫法则，这也成为流传至今的病原生物学领域黄金法则。他首创的培养细菌的方法，即固体培养基也一直沿用至今。他开创显了微摄影术。他还发明了细菌染色法……终其一生，科赫为医学界增添了近50种医治人或动物疾病的方法。他的功绩也将永远激励人们去开辟战胜疾病的新天地！

工作报告

班级：　　　　　姓名：　　　　　学号：　　　　　等级：

工作任务	
任务目标	
流程图	
任务准备	

任务实施	
结果分析	
讨论反思	

学习成果总结

○ 学习评价表

序号	考核内容	考核要点	配分	评分标准	得分
1	材料准备	染色试剂准备	10	材料准备齐全	
2	取样与固定	样品处理与固定	20	准确取样,规范固定	
3	革兰氏染色操作	规范操作,爱护器材	15	操作规范,培养条件符合标准	
4	显微镜的使用	规范操作,爱护仪器	15	能正确操作显微镜,并在显微镜下找到观察物	
5	观察记录结果	结果报告	10	能规范、准确地报告数据	
6	实验废弃物处理	实验台面清理及废弃物分类	10	能及时整理好实验仪器、耗材,清理实验台面,并对实验废弃物进行分类处理,对实验室环境进行消杀	
7	工作态度	精神面貌及用心程度	10	工作认真仔细,一丝不苟	
8	团队合作	团队运行状态和组织情况	10	团队成员互帮互助,配合默契	
		合计	100		

○ 导图输出

请尝试用思维导图对本项目的理论和技能点进行整理、归纳。

○ 学习反馈

● 学习成果小结
☐ 能概述细菌、霉菌、酵母菌和放线菌的形态、基本结构及其菌落特征；
☐ 能利用显微镜观察微生物形态、生理结构；
☐ 能完成细菌革兰氏染色实验
☐ 能鉴别区分酵母菌死细胞和活细胞

● 重难点总结
你可以整理一下本项目的重点和难点吗？请分别列出它们。

重点 1.

重点 2.

重点 3.

难点 1.

难点 2.

难点 3.

● 收获与心得

1. 通过项目二的学习，你有哪些收获？

2. 在规定的时间内，你的团队完成任务了吗？实际完成情况怎么样？

3. 在任务实施的过程中，你和团队成员遇到了哪些困难？你们的解决方案是什么？

4. 在任务实施的过程中，你和团队成员有过哪些失误？你们从中学到了什么？

5. 在项目学习结束时还有哪些没有解决的问题？

6. 对照评分表看看自己可以得到多少分数吧。

项目三
微生物的接种与分离纯化

课前导学

情景导入 ▶▶▶

微生物由于个体微小，在绝大多数情况下都是利用群体来研究其属性，在人为规定的条件下培养、繁殖得到的微生物群体称为培养物，只有一种微生物的培养物称为纯培养物。在实验室条件下如何培养微生物，如何获得微生物的纯培养物呢？这就需要用到本项目介绍的接种与分离纯化技术。

接种是在无菌条件下，利用相应的接种工具将微生物纯培养物移接到已灭菌且适合其生长繁殖的培养基中获得大量单纯菌落的过程。微生物的分离、纯化，以及有关微生物的形态观察和生理研究都必须进行接种，所以它是微生物研究与生产中的一个重要环节和最基本的操作技术之一。

分离纯化也称纯培养技术，是指把特定微生物从自然界微生物群体混杂存在的状态中分离、纯化出来的过程。由于在通常情况下纯培养物能较好地被研究、利用和重复结果，因此分离纯化是进行微生物学研究的基础。

在本项目中，我们将学习斜面接种方法以及三种常见的微生物分离纯化方法（稀释倒平板法、涂布平板法、平板划线法），明确它们的使用场景和特点，为进行微生物的检验做好准备。

学习目标 ▶▶▶

1. 知识目标

（1）掌握三种分离纯化方法的特点；
（2）了解不同微生物菌落特征；
（3）了解菌种保藏的基本原则；
（4）掌握微生物生长曲线的概念、特点。

2. 能力目标

（1）能利用斜面接种法进行细菌的接种与培养；
（2）能利用稀释倒平板法分离土壤中微生物；
（3）能利用涂布平板法分离土壤中微生物；
（4）能利用平板划线分离法获得单菌落；
（5）能进行微生物的斜面低温保藏与甘油管保藏；
（6）能测定微生物生长量并绘制生长曲线；
（7）能够及时、客观、实事求是记录实验数据与现象。

3. 素质目标

（1）具备良好的表达能力和团队协作能力；
（2）树立勇往直前、艰苦奋斗的担当精神。

学习导航 ▶▶▶

在前文中，介绍了如何给微生物提供"食物和住所"，如何分辨不同种类的微生物，如何观察微生物的形态等。此外，还介绍了无菌操作的基本要求和注意事项。在此项目中，将进一步讲解如何接种以及分离得到纯种微生物。

请结合学习导航图 3-1 所列出的任务（图中星号★的数量对应任务的难度）开始本项目的学习吧！

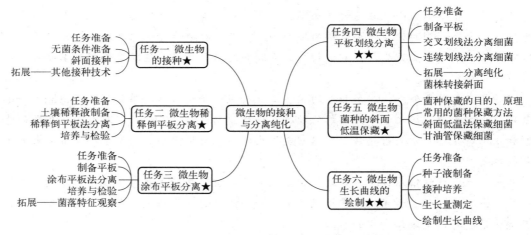

图 3-1 微生物的接种与分离纯化学习导航图

项目实施

任务一
微生物的接种 ★

工作任务

接种方法主要有斜面接种、液体接种、固体接种、穿刺接种等。其中，斜面接种是将少量待接菌种移至试管斜面培养基上，并在培养基上做来回直线或曲线运动的一种方法。主要用于接种纯菌，使其增殖后用以菌种鉴定或保藏。

本任务将在无菌条件（在火焰附近、无菌室、接种箱、超净工作台等）下，利用接种环将微生物纯种由一个培养皿转接到另一个培养容器中进行培养。

任务目标

1. 掌握无菌操作的程序和操作要点。
2. 能选择合适的接种工具进行斜面接种。

任务实施

一、任务准备

请按照要求准备以下物品，并在准备好的物品前面打钩：

1. 仪器
   ☐ 超净工作台　　　　　　　　☐ 恒温培养箱
2. 试剂与材料
   ☐ 75％乙醇　　　　　　　　　☐ 大肠杆菌斜面或平板
3. 其他物品
   ☐ 斜面培养基　　　　　　　　☐ 接种环
   ☐ 酒精灯　　　　　　　　　　☐ 试管架
   ☐ 记号笔　　　　　　　　　　☐ 酒精棉球

接种环（图 3-2）按照材质不同可分为一次性塑料接种环和金属接种环（多为镍铬合金），是细菌培养时常用的工具，用于挑取菌落、菌丝或蘸取菌液后，进行划线、穿刺、扩培等操作。

图 3-2　接种环

二、无菌条件准备

（1）接种前要进行准备工作，将菌种、培养基、酒精灯、接种工具等实验器材和用品等一次性全部拿到超净工作台上并摆放整齐。

（2）超净工作台提前打开紫外灯，30min后关闭，并打开风机通风2min。

（3）点燃酒精灯，注意酒精灯火焰周围是无菌区域，无菌操作要在此范围内进行，离火焰越远，污染的可能性越大。

（4）接种前在试管上贴上标签，注明菌名、接种日期、接种人姓名等，贴在距试管口约2～3cm的位置（若用记号笔标记，则不需要标签）。

三、斜面接种

用接种环将少许菌种移接到贴好标签的斜面培养基上。注意无菌操作。具体操作过程如图3-3所示。

（1）灼烧接种环　将菌种和待接斜面的两支试管用大拇指和其他四指握在左手中，使中指位于两试管之间部位。斜面面向操作者，并使两试管位于水平位置。右手拿接种环（如握笔一样），在火焰上将环端灼烧灭菌，然后将有可能伸入试管的其余部分均灼烧灭菌，重复灼烧2～3次。

（2）拔取管塞　先用右手松动硅胶塞管，再用右手的无名指、小指和手掌边取下菌种管和待接试管的管塞。

（3）灼烧试管口　让试管口缓缓过火2～3次（切勿烧得过烫）。

（4）挑取菌种　将灼烧过的接种环伸入菌种管，先使环接触没有长菌的培养基部分，使其冷却。然后轻轻蘸取少量菌体或孢子，将接种环移出菌种管，注意不要使接种环的部分碰到管壁，取出后不可使带菌接种环通过火焰。

（5）接种　在火焰旁迅速将蘸有菌种的接种环伸入另一支待接斜面试管内。从斜面培养基的底部向上部做"Z"形来回密集划线，切勿划破培养基。

（6）加塞　取出接种环，灼烧试管口，并在火焰旁将硅胶塞旋上。加塞时，不要用试管去迎硅胶塞，以免试管在移动时纳入不洁空气。

（7）将接种环灼烧灭菌，杀灭残菌。

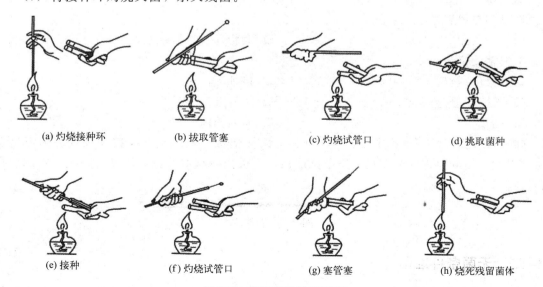

图3-3　斜面接种操作过程

(8) 将上述接种过的试管直立于试管架上，放在 37℃或 28℃恒温培养箱中培养 24～48h 后，观察结果。

接种环灭菌

微生物斜面接种

【注意事项】

① 用火焰对接种环进行灼烧灭菌时，镍铬丝部分（环和丝）必须烧红，以达到灭菌目的，然后将除手柄部分外的金属杆全用火焰灼烧一遍，尤其是接镍铬丝的螺口部分，要彻底灼烧以免灭菌不彻底。

② 接种环应通过火焰抽出，避免引入杂菌。

练一练

1. 斜面接种取种前为什么要让刚灼烧过的接种环接触无菌培养基部分？
2. 如何判断斜面接种的结果？

任务拓展

液体接种技术和穿刺接种技术

液体接种技术和穿刺接种技术

微生物液体接种

任务二
微生物稀释倒平板分离 ★

工作任务

稀释倒平板法的优点是菌落分布较为均匀，对微生物计数的结果相对准确，吸收量多，可加入1mL样品方便计数。缺点是不能观察菌落特征，操作相对麻烦。此法不适用于好氧细菌和对热敏感的细菌的培养，热敏感菌有时易被烫死，而严格好氧菌也可能因被固定在培养基中生长受到影响。稀释倒平板法常用于菌落总数的计数。

在本任务中，我们将学习制备一系列浓度的土壤稀释液，取不同浓度稀释液与加热熔化的琼脂培养基混合倒平板，进行微生物的稀释倒平板分离，并在过程中巩固无菌操作技能。

任务目标

1. 熟练应用无菌操作技术进行实验。
2. 掌握系列浓度土壤稀释液的制备方法。
3. 掌握微生物的稀释倒平板分离法。

任务实施

一、任务准备

请按照要求准备如下物品，并在准备好的物品前打钩。可以的话，请标出所需数量。

1. **仪器**
   - ☐ 超净工作台
   - ☐ 摇床
   - ☐ 微波炉
   - ☐ 恒温培养箱
   - ☐ 电子天平（精确至0.1g）
   - ☐ 隔热手套

2. **试剂与材料**
   - ☐ 75%乙醇
   - ☐ 无菌水
   - ☐ 牛肉膏蛋白胨琼脂培养基

3. **其他备品**
   - ☐ 微量移液器+无菌吸头
   - ☐ 酒精灯+火柴
   - ☐ 记号笔
   - ☐ 装有9mL无菌水的无菌试管
   - ☐ 装有90mL无菌水的无菌锥形瓶
   - ☐ 接种环
   - ☐ 试管架
   - ☐ 酒精棉球
   - ☐ 无菌培养皿
   - ☐ 废液缸

二、土壤稀释液制备

1. 制备土壤悬液

准确称取待分离土样或食品样品10g，放入装有90mL无菌水的灭菌锥形瓶中，用手或置摇床上振荡 15~20min，使土壤中的菌体、芽孢均匀分散，后静置 5~10min，即成 10^{-1} 的土壤悬液。

2. 制备土壤稀释液

用记号笔在各装有 9mL 无菌水的试管壁上依次标记 10^{-2}、10^{-3}、10^{-4}、10^{-5}、10^{-6}、10^{-7}。用微量移液器吸取 10^{-1} 土壤悬液 1mL，移入标记为 10^{-2} 的试管中，吹吸几次，让菌液混合均匀，即成 10^{-2} 稀释液；更换吸头后继续吸取 10^{-2} 稀释液 1mL，移入标记为 10^{-3} 的试管中，吹吸几次，即成 10^{-3} 稀释液。继续上述操作，依次制成 10^{-4}→10^{-5}→10^{-6}→10^{-7} 土壤稀释液（图 3-4）。

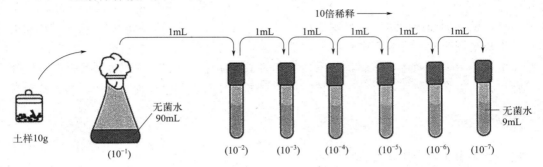

图 3-4　土壤稀释液的制备

三、稀释倒平板法分离

1. 加入梯度稀释液

对无菌培养皿进行 10^{-4}、10^{-5}、10^{-6} 编号，每一梯度设两个重复。用微量移液器按无菌操作要求吸取 10^{-6} 土壤稀释液各 1mL，分别加入编号 10^{-6} 的两个培养皿中。更换吸头，同法吸取 10^{-5} 土壤稀释液各 1mL，分别放入编号 10^{-5} 的两个培养皿中。更换吸头再次吸取 10^{-4} 土壤稀释液各 1mL，分别放入编号 10^{-4} 的两个培养皿中。

2. 倾注培养基

向 6 个培养皿中分别倒入 15mL 已熔化并且冷却至 50℃ 左右的牛肉膏蛋白胨琼脂培养基，加盖后轻轻摇动培养皿，使培养基均匀分布，平置于桌面上，待凝固后即成平板（图 3-5）。整个操作过程应严格按照无菌操作的要求进行。

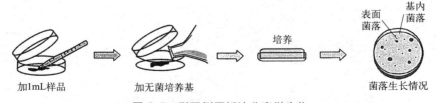

图 3-5　稀释倒平板法分离微生物

安全提示：使用微波炉熔化已经凝固的培养基，注意拿取锥形瓶时需佩戴隔热手套，以免烫伤！

倒平板有两种方法，分别是持皿法和叠皿法，具体操作方式见项目一任务四。

四、培养与检验

1. 恒温培养

待平板完全冷凝后,将平板倒置于37℃的恒温培养箱中培养24～48h,即可出现菌落。如稀释得当,在平板表面或琼脂培养基中就可出现分散的单个菌落,这些菌落有可能就是由一个细菌细胞繁殖形成的。

2. 挑取单个菌落检验

将培养后长出的单个菌落分别挑取并接种到牛肉膏蛋白胨培养基的斜面上(图3-6),然后置于37℃恒温培养箱中培养,待菌苔长出后,检查菌苔是否单纯,也可用显微镜涂片染色检查是否是单一的微生物,若有其他杂菌混入,可再一次进行分离纯化,直至获得纯培养。

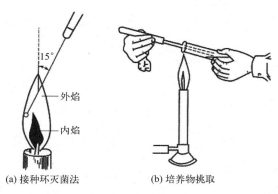
(a) 接种环灭菌法　　(b) 培养物挑取

图 3-6　菌落的挑取

微生物稀释倒平板分离

练一练 ▶▶▶

1. 下列属于稀释倒平板法优点的是（　　）。
   A. 可以观察菌落特性
   B. 菌落分布较为均匀,对微生物计数结果较为准确
   C. 吸收量较少
   D. 适用于好氧细菌和热敏感菌的培养

2. 下列不属于稀释倒平板法的缺点的是（　　）。
   A. 吸收量为1mL　　　　　　　　　B. 不能观察菌落特征
   C. 不适用于热敏感菌的培养　　　　D. 不适用于好氧菌的培养

3. 从自然界分离新菌种一般包括四个步骤,下列不属于四个步骤之一的是（　　）。
   A. 采样　　　　　　　　　　　　　B. 增殖培养
   C. 基因诱变　　　　　　　　　　　D. 性能测定

4. 在利用稀释倒平板法分离微生物的时候,倾倒培养基的温度以45～50℃为宜,温度过低会导致_____,温度过高会导致_____。

5. 在进行土壤悬液梯度稀释的时候,经常有同学发现忘记自己稀释到哪一个浓度了。请思考一下有什么措施可以有效避免这种情况？

任务三
微生物涂布平板分离 ★

工作任务

涂布平板法是先将已熔化的培养基倒入无菌培养皿，制成无菌平板，待冷却凝固后，将一定量的某一稀释度的样品悬液滴加在平板表面，再用无菌涂布棒将菌液均匀分散至整个平板表面，经培养后可挑取单个菌落（图 3-7）。

涂布平板法的优点是可以计数，可以观察菌落特征，操作相对简单，是较常使用的方法；缺点是吸收量较少，平板干燥效果不好，容易蔓延，有时会因涂布不均匀使某些部位的菌落不能分开，进行微生物计数时需对稀释和涂布过程的操作特别注意，否则不易得到准确的结果，一般用于平板培养基的回收率计数。

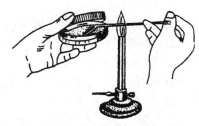

图 3-7 涂布平板法

在本任务中，我们将学习利用涂布平板法从土壤样品中分离细菌、霉菌、放线菌和酵母菌，并利用项目二所学习的微生物菌落特征及培养特征鉴别微生物的类型。

任务目标

1. 能够制备适合不同种类微生物生长的培养基。
2. 掌握涂布平板法分离微生物的操作方法。
3. 能够根据菌落特征及培养特征区分细菌、酵母菌、放线菌和霉菌。
4. 巩固无菌操作技术。

任务实施

一、任务准备

请按照要求准备如下物品，并在准备好的物品前打钩。可以的话，请标出所需数量。

1. **仪器**
   - ☐ 超净工作台
   - ☐ 摇床
   - ☐ 微波炉
   - ☐ 恒温培养箱
   - ☐ 电子天平（精确至 0.1g）
   - ☐ 隔热手套

2. **试剂与材料**
   - ☐ 75％乙醇
   - ☐ 高氏 1 号培养基
   - ☐ 10％酚
   - ☐ 无菌水
   - ☐ 牛肉膏蛋白胨琼脂培养基
   - ☐ 马丁培养基
   - ☐ 1％链霉素

请利用网络检索牛肉膏蛋白胨琼脂培养基、高氏1号培养基、马丁培养基适用于培养哪种微生物,请将你的结论写下来。这些培养基是如何进行配制的?请写下它们的配方后进行称量、溶解等操作,并将制好的培养基装入锥形瓶中,包扎、灭菌、冷却后备用。

3. 其他物品
- 微量移液器+无菌吸头
- 酒精灯+火柴
- 记号笔
- 装有 9mL 无菌水的无菌试管
- 装有 90mL 无菌水的无菌锥形瓶
- 涂布器
- 试管架
- 酒精棉球
- 无菌培养皿
- 废液缸

涂布器(图 3-8)按照材质不同可分为一次性塑料涂布器、金属涂布器和玻璃涂布器,头部呈 L 形或三角形,用于在琼脂平板上涂布接种微生物。

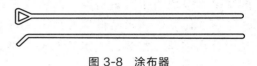

图 3-8 涂布器

二、制备平板

将牛肉膏蛋白胨琼脂培养基、高氏1号培养基、马丁培养基加热熔化,待冷却至 55~60℃时,向高氏1号培养基中加入 10% 酚数滴,向马丁培养基中加入 1% 链霉素(终浓度为 $30\mu g/mL$),混合均匀后分别倒平板,每种培养基倒三皿。

三、制备样品稀释液

方法同任务二。

四、涂布平板法分离

将制备好的各种培养基的三个平板底面分别用记号笔标记 10^{-4}、10^{-5}、10^{-6} 稀释度,然后用微量移液器分别从 10^{-4}、10^{-5} 和 10^{-6} 三种样品稀释液中各吸取 0.1mL,对号放入已写好稀释度的平板中,用无菌涂布器涂布,右手拿无菌涂布器平放在平板培养基表面上,将菌悬液先沿同心圆方向轻轻地向外扩展,使之分布均匀。室温下静置 5~10min 使菌液浸入培养基(图 3-9)。注意在涂抹时不要弄破平板,以免影响菌落的生长。

【请小组成员相互监督,认真观察是否按照要求更换了吸头,是否遵循无菌操作原则】

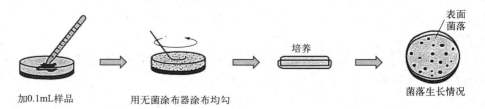

图 3-9 涂布平板法分离微生物

五、培养与检验

待平板干燥后,将高氏1号培养基平板和马丁培养基平板倒置于28℃环境中,培养3~5d,将牛肉膏蛋白胨琼脂培养基平板倒置于37℃环境中培养2~3d。经过培养,待菌落长出后,观察不同种类微生物的菌落形态。挑取单个菌落,接种到新鲜平板上,培养观察,直至纯化。

微生物涂布平板分离

练一练

1. ( )的缺点是吸收量少,平板干燥效果不好,导致细菌生长蔓延。
   A. 稀释倒平板法 B. 涂布平板法
   C. 平板划线分离法 D. 稀释摇管法

2. 下列不属于涂布平板法缺点的是( )。
   A. 吸收量少 B. 平板干燥效果不好
   C. 容易蔓延 D. 不适用于热敏感菌的分离

3. 涂布平板法不能分离得到的微生物是( )。
   A. 兼性厌氧微生物 B. 好氧微生物
   C. 厌氧微生物 D. 专性好氧微生物

4. 关于涂布平板法,下列表述错误的是( )。
   A. 所用培养基为琼脂平板培养基
   B. 被检菌液需定量加入
   C. 用接种环以不同方向反复涂布几次,直至被检物均匀分散
   D. 可用于被检标本中的细菌计数

5. 请尝试着画出涂布平板法分离土壤微生物的实验流程。

任务拓展

菌落特征观察

微生物的个体形态是群体形态的基础,群体形态则是无数个体形态的集中反映,每一类微生物都有一定的菌落特征,大部分菌落都可以根据形态、大小、色泽、透明度、致密度和边缘等特征来识别。

1. 菌落形态观察

挑取单个菌落进行目测观察，描述菌落特征。菌落特征通常从以下几个方面描述。

(1) 大小：大、中、小、针尖状，可用游标卡尺测量菌落的直径（mm）。

(2) 颜色：黄、浅黄、乳白、灰白、红、粉红等。

(3) 干湿：干燥、湿润、黏稠。

(4) 质地：蜡状、液滴状、皱褶状等。

(5) 形态：圆形、不规则等。

(6) 表面：扁平、隆起、凹、凸、突脐状等。

(7) 透明：透明、半透明、不透明。

(8) 边缘：整齐、不整齐、圆锯齿状、裂叶、不定型。

2. 四大类微生物菌落形态的识别和比较

熟悉和掌握四大类微生物（细菌、酵母菌、放线菌和霉菌）的形态特征，对菌种的识别和筛选具有重要作用。四大类微生物的个体和菌落基本特征见图 3-10 及表 3-1。

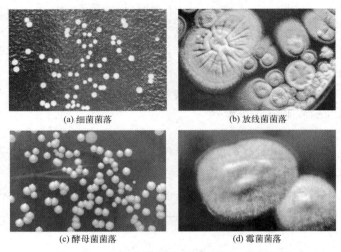

图 3-10 四大类微生物的菌落形态（见彩图）

表 3-1 细菌、放线菌、酵母菌和霉菌菌落的形态特征及主要区别

特征			单细胞微生物		菌丝状微生物	
			细菌	酵母菌	放线菌	霉菌
主要特征	菌落	含水状态	湿润，黏稠，光滑或褶皱	较湿润，黏稠，光滑	干燥或较干燥	干燥
		外观形态	小而凸起或大而平坦，圆形或不规则，边缘光滑或不整齐	大而凸起（相对细菌）	小而紧密，呈细致的粉末状或绒毛状；有圆环状或辐射状的纹路	菌丝细长，菌落疏松，呈现绒毛状、蛛网状、棉絮状，无固定大小
	细胞	排列状况	单个分散或有一定的排列方式	单个分散或假丝状	丝状交织	丝状交织
		形态特征	小而均匀的圆形，个别有芽孢	大而分化	细而均匀	粗而分化

续表

特征		单细胞微生物		菌丝状微生物	
		细菌	酵母菌	放线菌	霉菌
参考特征	菌落透明度	透明，少透明	半透明	不透明	不透明
	与培养基结合程度	不结合，易挑起	不结合，易挑起	牢固结合，难挑起	较牢固结合，不易挑起
	菌落颜色	多样，常见白色、灰白色、黄色	多为乳白色，少数为红色或黑色	多样	多样，常见白色、青色、黑色
	菌落正反颜色	相同	相同	通常不同	通常不同
	生长速度	通常很快	较快	慢	通常较快
	气味	臭味	酒香味	土腥味	霉味

练一练

从不同平板上选择不同类型菌落观察，区分细菌、放线菌、酵母菌和霉菌的菌落形态特征。再用接种环挑取不同菌落于显微镜下进行个体形态观察。将所分离的各类菌株的主要菌落特征和细胞形态记录于下表。

菌株种类	菌株编号	分离培养基	菌落特征	细胞形态
细菌	1			
	2			
放线菌	1			
	2			
酵母菌	1			
	2			
霉菌	1			
	2			

项目三　微生物的接种与分离纯化

任务四
微生物平板划线分离 ★★

工作任务

平板划线分离法是指用接种环以无菌操作蘸取少许待分离的微生物，在无菌平板表面进行平行划线、"Z"划线等形式的连续划线（图 3-11）。微生物细胞浓度将随着划线次数的增加而减少，并逐步分散开来，经培养后，可在平板表面得到单菌落。通常将这种单菌落作为待分离微生物的纯种。

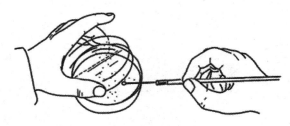

图 3-11 平板划线分离法

平板划线分离法的优点是可以观察菌落特征，操作简单，多用于对已有纯培养的确认和再次分离；缺点是不能计数，一般用于菌种的分离。

在本任务中，我们将学习利用接种环蘸取少量细菌菌落，在平板表面进行连续和交叉划线操作，以获得单菌落（图 3-12）。

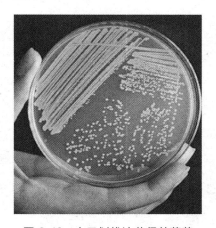

图 3-12 交叉划线法获得单菌落

任务目标

1. 掌握交叉划线法和连续划线法。
2. 能够通过平板划线分离样本得到单菌落。
3. 巩固无菌操作技术。

项目三　微生物的接种与分离纯化

任务实施

一、任务准备

请参考任务三，在明确方法和实验对象的前提下，分类写下所需物品，小组成员可以相互补充、讨论。

1. 仪器

2. 试剂与材料

3. 其他物品

二、制备平板

参考任务三进行，每人制备 2 块牛肉膏蛋白胨琼脂培养基平板。

三、交叉划线法分离细菌

（1）右手持接种环于酒精灯上烧灼灭菌，待冷却。

（2）取出任务三获得的细菌平板，选定目标单菌落，用灭菌的接种环蘸取少量菌落组织。

（3）左手持培养皿，用拇指、食指及中指将皿盖打开一侧（角度大小以能顺利划线为宜，但以角度小为佳，以免空气中细菌污染培养基）。

（4）将蘸有菌落组织的接种环在平板培养基的一边做第一次平行划线，划 3~4 条，再转动培养皿约 60°角，烧掉接种环上的剩余物，待冷却后通过第一次划线部分做第二次平行划线，同法通过第二次平行划线部分做第三次平行划线，通过第三次平行划线部分做第四次平行划线。在此处需注意：①从第二次分区划线起，均需灼烧接种环；②从第二次分区划线起，均需与前一次划线交叉；③注意划线角度，切勿划破培养基，如图3-13（a）所示。

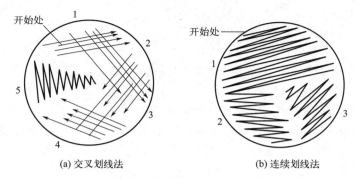

图3-13 常用划线方法

四、连续划线法分离细菌

（1）按照步骤三（1）～（3），完成接种环灭菌和挑取菌落。

（2）将挑有样品的接种环在平板培养基上做连续划线，直至培养基上面划满线条，如图3-13（b）所示。

五、培养与检查

（1）划线完毕，用记号笔在培养皿底部注明被检材料及日期，将平板倒置于37℃恒温培养箱中，培养18～24h后观察结果，见图3-14。凡是分离菌应在划线上生长，否则为污染菌。

（2）挑取单个菌落，接种到新鲜平板上，继续培养观察，直至纯化。

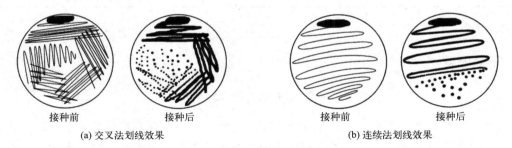

图3-14 划线分离效果

连续划线法

四区划线法

项目三　微生物的接种与分离纯化

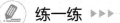 **练一练**

1. 在平板划线操作中错误的是（　　）。
   A. 将接种环放在火焰上灼烧，直到接种环烧红
   B. 将烧红的接种环在火焰旁边冷却
   C. 接种环在平板上划线位置是随机的
   D. 在挑取菌种前和接种完毕后均要将试管口通过火焰

2. 有关平板划线分离法操作正确的是（　　）。
   A. 使用已灭菌的接种环、培养皿，操作过程中不再灭菌
   B. 打开含菌种的试管需要通过火焰灭菌，取出菌种后需要马上塞上硅胶塞
   C. 将蘸有菌种的接种环迅速伸入平板内，划三至五条平行线即可
   D. 最后将平板倒置，放入恒温培养箱

3. 微生物接种方法很多，平板划线法是最常用的一种。下图是平板划线示意图，划线的顺序为①→②→③→④。下列操作方法错误的是（　　）。
   A. 划线操作时，将蘸有菌种的接种环插入培养基
   B. 平板划线后培养微生物时要倒置培养
   C. 不能将第④区域的划线与第①区域划线相连
   D. 在②~④区域中划线前后都要对接种环进行灭菌

4. 微生物的接种方法最常用的是平板划线法和稀释涂布平板法，关于两者的区别下列说法正确的是（　　）。

比较方面	平板划线法	稀释涂布平板法
①	需在无菌下操作	不需无菌操作
②	培养皿要靠近酒精灯	培养皿不需要靠近酒精灯
③	无法计算样品中活菌数	可以计算样品中活菌数
④	需要接种环	需要涂布器

A. ②④　　　B. ③④　　　C. ①④　　　D. ②③

 任务拓展

分离纯化菌株转接斜面

在任务三的任务拓展中，找到分离细菌、放线菌、酵母菌和霉菌的不同平板，选择分离效果较好的菌落各挑选一个用接种环接种斜面。将细菌接种于牛肉膏蛋白胨斜面上，放线菌接种于高氏1号斜面上，霉菌接种于马丁氏培养基斜面上，酵母菌接种于马铃薯葡萄糖斜面上。贴好标签，在各自适宜的温度下培养，培养后观察是否为纯种，记录斜面培养条件及菌落特征于下表，并置于冰箱保藏。

微生物	培养基名称	培养温度	培养时间	菌落特征	纯化程度
细菌					
放线菌					
酵母菌					
霉菌					

任务五
微生物菌种的斜面低温保藏 ★

工作任务

在前面的四个任务中，我们通过分离纯化得到了微生物纯培养物，下一步要通过各种保藏技术使其在一定时间内不死亡，不会被其他微生物污染，不会因发生变异而丢失重要的生物学性状，否则就无法真正保证微生物研究和应用工作的顺利进行。所以世界各国对微生物菌种的保藏都很重视，许多国家都成立了专门的菌种保藏机构，例如，中国微生物菌种保藏管理委员会（CCCCM）、中国典型培养物保藏中心（CCTCC）、美国典型菌种保藏中心（ATCC）、美国的北部地区研究实验室（NRRL）、荷兰的霉菌中心保藏所（CBS）、英国的国家典型菌种保藏中心（NCTC）以及日本的大阪发酵研究所（IFO）等。国际微生物学联合会（IUMS）还专门设立了世界菌种保藏联合会（WFCC），用计算机储存世界上各保藏机构提供的菌种数据资料，可以通过国际互联网查询和索取，用于进行微生物菌种的交流、研究和使用。

本任务中，我们将采用实验室常用的斜面低温保藏法和甘油管保藏法对微生物进行保藏。

任务目标

1. 了解微生物菌种保藏的目的、原理。
2. 能够利用斜面低温保藏法和甘油管保藏法对微生物菌种进行保藏和复苏。

必备知识

微生物菌种是宝贵的生物资源，对微生物学研究和微生物资源开发与利用具有非常重要的价值，因此菌种保藏是一项重要的微生物学基础工作。所谓菌种保藏是把从自然界分离到的野生型或经人工选育的用于科学研究和工业生产的优良菌种，用各种适宜的方法妥善保存，尽可能保持其原来的性状和活力，使之不死亡、不衰退、不变异且不被污染，以达到便于随时供应优良菌种给生产和科研进行研究和使用的目的。

一、菌种保藏的目的

① 在较长时间内保持菌种的生活能力。
② 保持菌种在遗传、形态和生理上的稳定性，使菌种既有科学研究的价值，又有工业价值的特征。
③ 保持菌种的纯度，使其免受其他微生物（包括病毒）的侵染。

二、菌种保藏的原理

生物的生长一般都需要一定的水分、适宜的温度和合适的营养，微生物也不例外。菌种保藏就是根据菌种特性及保藏目的的不同，给微生物菌株以特定的条件，使其存活从而得以延续。

菌种保藏的原理是利用培养基或宿主对微生物菌株进行连续移种,或改变其所处的环境条件（如干燥、低温、缺氧、避光、缺乏营养等）,令菌株的代谢水平降低,乃至完全停止,达到半休眠或完全休眠的状态,从而在一定时间内得到保存。有的菌种可保藏几十年或更长时间,在需要时再通过提供适宜的生长条件使保藏物恢复活力。

三、菌种保藏的方法

采用低温、干燥、饥饿、缺氧等手段可以降低微生物的生物代谢能力。菌种保藏的方法虽多,但都是根据这四个因素确定的。下列方法可根据实验室具体条件和微生物的特性灵活选用。

1. 斜面低温保藏法

斜面低温保藏法亦称传代培养保藏法,是指将菌种接种于一定的斜面培养基中,在最适条件下培养,待生长好后,于4℃保存并间隔一定时间进行移植培养的菌种保藏方法。在琼脂斜面上保藏微生物的时间因菌种的不同而有较大差异,有些可保存数年,而有些仅数周。

此法为实验室和工厂菌种室常用的保藏法,优点是操作简单,使用方便,不需特殊设备。缺点是容易变异,需要屡次传代。若其菌种是经常使用,而且条件不变,可应用此法。

2. 液体石蜡保藏法

液体石蜡保藏法亦称矿物油保藏法,是定期移植保藏法的辅助方法,是指将菌种接种在适宜的斜面培养基上,在适宜的条件下培养至菌种长出健壮菌落后注入无菌的液体石蜡,使其覆盖整个斜面,再直立放置在低温（4~6℃）下干燥处进行保存的菌种保藏方法。

此法实用而且效果好,保藏丝状真菌、放线菌和有芽孢的细菌2年以上不会死亡;酵母菌也可以保藏1~2年;一般无芽孢的细菌也可保藏1年以上。此法的优点是制作简单,不需特殊设备,而且不需经常转接。缺点是必须直立放置,携带不方便。

3. 沙土保藏法

沙土保藏法是载体保藏法的一种。将培养好的微生物细胞或孢子用无菌水制成悬浮液,注入无菌的沙土管中混合均匀,或将成熟孢子刮下接种于无菌的沙土管中,使微生物细胞或孢子吸附在沙土载体上,将管中水分抽干后,熔封管口或置干燥器中于低温（4~6℃）下或室温下进行保藏的菌种保藏方法。

4. 液氮冷冻保藏法

液氮冷冻保藏法亦称液氮超低温保藏法。液氮超低温保藏技术是将菌种保藏在-196℃的液态氮中的长期保藏方法,它是利用微生物在-130℃以下新陈代谢趋于停止的原理而有效地保藏微生物。此方法适用于各类微生物,保藏周期一般在10年以上。

5. 冷冻干燥保藏法

冷冻干燥保藏法是将微生物冷冻,在减压下利用升华作用除去水分,使细胞的生理活动趋于停止,从而长期维持生活状态。不同微生物的复苏周期不同,一般为10年左右。

此法为菌种保藏方法中最有效的方法之一,对一般生命力强的微生物及其孢子都适用,缺点是设备和操作都比较复杂。

表3-2为常见菌种保藏方法的特点比较。

表 3-2　几种常用菌种保藏方法的比较

方法	主要措施	适宜菌种	保藏期	评价
斜面低温保藏法	低温（4℃）	各大类	1～6 个月	简便
半固体穿刺保藏法	低温（4℃），避氧	细菌，酵母菌	6～12 个月	简便
液体石蜡保藏法	低温（4～6℃），阻氧	各大类	2～3 年	简便
甘油管保藏法	低温（-20℃），保护剂（15%～50%甘油）	细菌，酵母菌	0.5～1 年	简便
沙土保藏法	干燥，无营养	产孢微生物	1～10 年	简便有效
冷冻干燥保藏法	干燥，低温，无氧，有保护剂	各大类	5～15 年	繁而高效
液氮冷冻保藏法	超低温（-196℃），有保护剂	各大类	>10 年	繁而高效

任务实施

一、任务准备

菌种保藏

请按照要求准备如下物品，并在准备好的物品前打钩。可以的话，请标出所需数量。

1. **仪器**
   - ☐ 超净工作台
   - ☐ 恒温培养箱
   - ☐ 高压蒸汽灭菌锅
   - ☐ 电子天平（精确至 0.1g）
   - ☐ 冰箱

2. **试剂与材料**
   - ☐ 75%乙醇
   - ☐ 肉汤蛋白胨斜面
   - ☐ 甘油
   - ☐ 无菌水
   - ☐ 待保藏的大肠杆菌适龄菌株斜面
   - ☐

请查阅资料，将肉汤蛋白胨培养基的配方和制备方法写在下面。

3. **其他物品**
   - ☐ 微量移液器+无菌吸头
   - ☐ 接种环
   - ☐ 锥形瓶
   - ☐ 无菌胶塞
   - ☐ 冻存管
   - ☐ 牛皮纸

- ☐ 试管架
- ☐ 酒精灯
- ☐ 标签纸

二、斜面低温保藏

1. 贴标签

取无菌的肉汤蛋白胨斜面数支。在斜面的正上方距离试管口 2～3cm 处贴上标签。在标签纸上写明接种的细菌菌名、培养基名称和接种日期。

2. 斜面接种

将待保藏的菌种用接种环以无菌操作法移接至相应的试管斜面上。从斜面底部自下而上划稠密"Z"字形线，能充分利用斜面获得大量菌体细胞，适用于细菌和酵母菌等。细菌和酵母菌宜采用对数生长期的细胞，放线菌和丝状真菌宜采用成熟的孢子。

3. 培养

细菌于37℃下恒温培养18～24h，酵母菌于28～30℃下培养36～60h，放线菌和丝状真菌置于28℃下培养4～7d。

4. 保藏

斜面长好后，直接放入 4℃ 的冰箱中保藏，保藏湿度用相对湿度表示，通常为 50%～70%。

保藏时间依微生物种类而不同，酵母菌、霉菌、放线菌及有芽孢的细菌可保存 2～6 个月移种一次；而不产芽孢的细菌最好每月移种一次。

5. 菌种复壮

菌种如有退化，应将退化的菌种引入原来的生活环境中令其生长繁殖，通过纯种分离、在宿主体内生长等方法进行复壮。

三、甘油管保藏

1. 甘油灭菌

在 100mL 锥形瓶中装入 10mL 甘油，塞上硅胶塞，并用牛皮纸包扎，在 121℃ 下灭菌 20min。

2. 接种培养

用接种环取一环菌种接种到新鲜的斜面培养基上，在适宜的温度条件下使其充分生长。

3. 加无菌甘油

在培养好的斜面中注入 2～3mL 无菌水，刮下斜面振荡，使细胞充分分散成均匀的悬浮液，并且使细胞的浓度约为 10^8～10^{10} 个/mL。用无菌吸管吸取上述菌悬液 1mL 置于冻存管中，再加入 0.8mL 无菌甘油，振荡，使培养液与甘油充分混匀。

4. 保藏

将甘油管置于 －20℃ 冰箱中保存。

5. 恢复培养

用接种环从甘油管中取一环甘油培养物，接种于新鲜培养基中恢复培养。由于菌种保藏时间长，生长代谢较慢，故一般必须转接 2 次才能获得良好状态的菌种。

练一练

1. 下列不属于菌种保藏目的的是（　　）。
   A. 保持菌种的数量　　　　　　　　B. 保持菌种的生活能力
   C. 保持菌种的稳定性　　　　　　　D. 保持菌种的纯度

2. 下列手段中不能降低微生物的生物代谢能力的是（　　）。
   A. 低温　　　　　B. 潮湿　　　　　C. 缺氧　　　　　D. 饥饿

3. 斜面低温保藏法最大的缺点是（　　）。
   A. 易变异　　　　　　　　　　　　B. 方法复杂
   C. 需要特殊设备　　　　　　　　　D. 操作烦琐

4. 液体石蜡保藏法在将菌种接种在斜面培养基上，待菌落长好后，注入石蜡，然后（　　）。
   A. 直立放置保藏　　　　　　　　　B. 平放保藏
   C. 倒置保藏　　　　　　　　　　　D. 无所谓位置

5. 液氮冷冻保藏法一般需要用到保护剂，常用保护剂为（　　）。
   A. 生理盐水　　　　　　　　　　　B. 牛肉膏蛋白胨培养基
   C. 甘油　　　　　　　　　　　　　D. 石蜡油

任务六
微生物生长曲线的绘制★★

工作任务

微生物生长曲线反映了微生物在不同环境中生长繁殖直至衰老死亡的动态变化过程，以及细胞与环境间相互作用的情况，对我们更好地研究和利用微生物有着十分重要的作用。在本任务中，我们将采用分光光度法测定并绘制细菌生长曲线。

任务目标

1. 了解微生物生长曲线特点。
2. 掌握分光光度法测定细菌生长曲线的方法和操作流程。
3. 能够根据实验数据绘制生长曲线。

必备知识

一、认识微生物生长曲线

将少量单细胞的纯培养，接种到一恒定容积的新鲜液体培养基中，在适宜条件下培养，每隔一定时间取样，测定单位体积中的菌体（细胞）数，可发现该群体由小到大，发生有规律的增长。以培养时间为横坐标，以计数获得的细胞数的对数为纵坐标，可得到一条定量描述单细胞微生物在液体培养基中生长规律的曲线，该曲线则称为微生物的典型生长曲线，见图3-15。

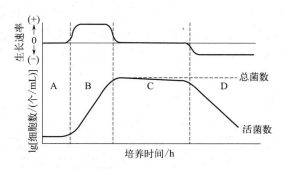

图3-15 微生物的典型生长曲线
A—延滞期；B—对数生长期；C—稳定期；D—衰亡期

由于细菌悬液的浓度与吸光度（A值）成正比，因此可利用分光光度计测定菌悬液的吸光度来推知菌液的浓度。在本任务中，将采用比浊法测定不同培养时间的菌液A值，并用所测的A值与其对应的培养时间作图，绘出该菌在一定条件下的生长曲线。

二、典型生长曲线的四个时期

微生物典型生长曲线可粗分为四个时期，即延滞期、对数生长期、稳定期、衰亡期。这四个时期的长短因菌种的遗传性、接种量和培养条件的不同而有所改变。对微生物的生长特性及规律的研究，可以帮助人类揭示微生物世界的奥秘，充分利用有益微生物，并有效控制有害微生物。比如，工业发酵中往往要接入处于对数生长期（尤其是中期）的菌体，以尽量缩短停滞期；稳定期是发酵产物如抗生素、氨基酸等的重要形成时期，延长此时期可以有效提高产量；在生物学研究中，对数生长期的菌体由于菌体大小、形态、生理特征等比较一致，是生理代谢、遗传研究或进行染色、形态观察等实验时的良好材料；在任务五进行微生物保藏实验中，对数生长期菌体比较健壮，是进行保藏的最佳菌龄。下面，我们将简单了解生长曲线四个时期的特征和应用。

1. 延滞期

延滞期也称为适应期、调整期。指菌体被接入新鲜液体培养基后，不立即繁殖，而是适应新环境的阶段。此时，单位体积培养基中的菌体数量变化不大，曲线平缓。菌体体积增长较快，各类诱导酶的合成量增加。

2. **对数生长期**

也称为指数生长期，处于这一时期的单细胞微生物，其细胞按 2^n 方式呈几何增长。此时，单细胞微生物代谢旺盛，繁殖速度最快，生长曲线呈上升直线。对数期的细胞生长速率最大、代时最短，且细胞大小、形态、化学组成和生理特性均匀。这一阶段的细胞常用于研究微生物的生物学特性和发酵生产中的种子培养。

3. 稳定期

在稳定期，细胞生长缓慢或停止，生长速率常数约为零，活菌数保持相对稳定，总菌数达到最高。如果需要大量菌体，此阶段是最佳收获期。许多芽孢细菌在此形成芽孢，某些细菌的代谢产物如抗生素、外毒素和色素在此阶段达到高峰，是代谢产物的最佳收获期。

4. 衰亡期

在达到稳定生长期后，微生物群体因环境恶化和营养短缺，死亡率上升，死亡菌数超过新生菌数，进入衰亡期。此时，菌体细胞形状和大小出现异常，呈多形态或畸形，可能有液泡，革兰氏染色改变，许多胞内代谢产物和酶被释放。

微生物生长曲线

表 3-3 展示了生长曲线四个不同时期的特点。

表 3-3　生长曲线不同时期的特点比较

比较项目	延滞期	对数生长期	稳定期	衰亡期
生长量	不分裂	繁殖速率＞死亡速率	繁殖速率≈死亡速率	繁殖速率＜死亡速率
活菌体数量	基本不变	呈 2^n 增长	活菌数量最多	活菌数量急降
成因	刚进入新环境，调整适应	条件适宜	营养大量消耗，代谢产物积累，pH 改变	生存条件急剧恶化
菌体及代谢特点	代谢活跃，体积增长快，大量合成初级代谢产物	个体形态均一、生理特征稳定	出现芽孢，产生次级代谢产物	细胞出现多种形态、畸形，甚至自溶
应用	—	选育菌种，科学研究	收获次生代谢产物	—

任务实施

一、任务准备

请按照要求准备如下物品,并在准备好的物品前打钩。可以的话,请标出所需数量。

1. **仪器**
   - ☐ 超净工作台
   - ☐ 紫外-可见分光光度计
   - ☐ 摇床
   - ☐ 冰箱

2. **试剂与材料**
   - ☐ LB 液体培养基
   - ☐ 大肠杆菌斜面

请查阅资料,将 LB 液体培养基的配方和制备方法写在下面。

3. **其他物品**
   - ☐ 微量移液器+无菌吸头
   - ☐ 锥形瓶
   - ☐ 试管架
   - ☐ 酒精灯
   - ☐ 接种环
   - ☐ 无菌试管
   - ☐ 记号笔

二、种子液制备

取细菌斜面 1 管,以无菌操作挑取菌落,接入 5mL LB 液体培养基中,静止培养 24h 作种子培养液。此处使用液体培养基接种法:先将接种环在酒精灯火焰上灭菌,以接种环蘸取菌种移种于液体培养基内,可将接种环在液面附近管壁上摩擦,使细菌混于液内,然后轻轻摇动,使细菌混入培养基内,见图 3-16。

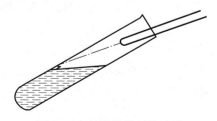

图 3-16 液体培养基接种法

三、接种培养（扩培）

（1）取 6 个无菌的试管分别加入 4mL LB 液体培养基，分别编号为 0h、1.5h、3h、4h、6h、8h。

（2）用微量移液器分别准确吸取 0.2mL 种子液加入已编号的 6 个无菌试管中，于 37℃ 下振荡培养。然后分别按对应时间将试管取出，立即放入 4℃ 冰箱中贮存，待培养结束时一同测定 A 值。

四、生长量测定

（1）将未接种的 LB 液体培养基（空白对照）倾倒入比色杯中，选用 600nm 波长分光光度计调节零点，作为空白对照。

（2）对不同时间培养液从 0h 起依次进行测定。对浓度大的菌悬液用未接种 LB 液体培养基适当稀释后测定，使其 A 值在 0.10～0.65 以内，经稀释后测得的 A 值要乘以稀释倍数，才是培养液实际的 A 值。

（3）将测定的 A 值填入下表：

时间/h	0	1.5	3	4	6	8
A_{600}						

五、绘制生长曲线

以上述表格中的时间为横坐标，以 A_{600} 值为纵坐标，绘制细菌的生长曲线。

练一练

1. 某细菌培养至对数生长期。当细胞数目为 10^5 个/mL 时，开始计时。1.5h 后细胞数目为 8×10^5 个/mL。试问再经过（　　），细胞数目会达到 6.4×10^6 个/mL。
   A. 30min　　B. 45min　　C. 1h　　D. 1.5h

2. 作为生产用和科研材料用的菌种，常选（　　）。
   A. 稳定期　　B. 衰亡期　　C. 对数生长期　　D. 调整期

3. 在（　　）的时候，细菌数量达到峰值。
   A. 调整期　　B. 对数生长期　　C. 稳定期　　D. 衰亡期

4. 常作为生产菌种和科研材料的细菌群体，应该是代谢旺盛、个体形态和生理特性比较稳定的，所以应选择在它的（　　）。
   A. 延滞期　　B. 对数生长期　　C. 稳定期　　D. 衰亡期

5. 细菌死亡速率超过新生速率，整个群体呈现出负增长的是（　　）。
   A. 适应期　　B. 对数生长期　　C. 稳定期　　D. 衰亡期

拓展阅读

"科学公仆"——汤飞凡

一个真正的爱国主义者,用不着等待什么特殊机会,他完全可以在自己的岗位上表现自己对祖国的热爱。

——苏步青

汤飞凡(1897—1958),湖南醴陵人,中国科学院院士,著名微生物学家和医学病毒学家,是中国预防医学的奠基人。他首次分离出沙眼衣原体,将沙眼的发病率降至不到10%。他研发的乙醚杀菌法消灭了天花,研制了减毒疫苗对抗鼠疫,并生产了中国第一支青霉素、狂犬疫苗等。他被誉为"东方巴斯德"和"疫苗之神"。

汤飞凡终生致力于医学病毒研究和国家需求。1929年,他放弃哈佛大学的优厚条件,回国任教于中央大学医学院(今复旦大学医学院),并捐出显微镜,开始建设细菌学系。他利用简单设备展开研究,1930年起发表多篇论文,开创中国病毒学研究的先河。

1937年,汤飞凡报名参加医疗救护队,冲在前线救治伤员。他放弃撤往英国的机会,受命重建中央防疫处,带领团队研制青霉素和疫苗。1949年,他选择留在祖国,负责筹建国家卫生部生物检定所,并制定生物制品制造和检定规程。

1954年,汤飞凡开始研究沙眼病原体,亲自试验,证实其致病性,并发现"沙眼衣原体",推翻了日本科学家的细菌病原说。1970年,沙眼病毒被命名为衣原体,汤飞凡被称为"衣原体之父"。他的研究有效控制了沙眼传播。

1980年,国际沙眼防治组织想向诺贝尔委员会推荐汤飞凡,但因他已于1958年去世,特颁金质奖章以表彰他的贡献。尽管英雄已逝,他的名字与精神将永存。

汤飞凡的一生展现了科学家的爱国情怀。他在贫困的家乡成长,立志"振兴中国的医学"。学成后,他不计条件艰苦毅然回国,投身于祖国的医学教育事业,坚定地与人民共命运。中华人民共和国成立时,他利用简陋设备生产疫苗、血清和青霉素,成功扩大疫苗生产,拯救了无数生命。这些事迹体现了他对祖国的忠诚和勇往直前的精神。

汤飞凡和一代科学家在艰苦条件下挑战权威,取得了重要科研成果。西医学界泰斗颜志渊称赞他的爱国精神和对现代医学的贡献值得铭记。知识分子的爱国精神体现在家国情怀和责任担当上。我们纪念汤飞凡,不仅因他的科研成就,更因他忠诚的赤子情怀和担当精神,这些品质是国家和民族的宝贵财富,值得传扬。

工作报告

班级：　　　　　姓名：　　　　　学号：　　　　　等级：

工作任务	
任务目标	
流程图	
任务准备	

任务实施	
结果分析	
讨论反思	

学习成果总结

○ 学习评价表

序号	考核内容	考核要点	配分	评分标准	得分
1	材料准备	玻璃器皿的包扎与灭菌、培养基的配制、其他仪器设备的准备情况	10	材料准备齐全,培养基配制熟练,灭菌操作正确	
2	斜面接种	接种操作,无菌操作	10	能够按照无菌操作要求进行斜面接种	
3	稀释倒平板分离	样品稀释,倒平板,无菌操作	15	能够按照要求进行样品的梯度稀释,能够按照无菌操作要求进行稀释倒平板分离	
4	涂布平板分离	平板制备、样品涂布,无菌操作	15	能够熟练进行倒平板操作,能够按照无菌操作要求进行涂布平板分离	
5	平板划线	划线操作,无菌操作	15	能够按照无菌操作要求进行平板划线,并分离得到大量单菌落	
6	微生物保藏	斜面保藏,甘油管保藏	5	能够完成斜面划线以及甘油管制备,并将其在合适条件下进行保藏	
7	生长曲线绘制	生长量测定,曲线绘制	5	能使用分光光度计完成不同生长阶段菌液样品 A 值的测定,并根据测定结果绘制曲线	
8	实验废弃物处理	实验台面清理及废弃物分类	5	能及时整理好实验仪器、耗材,清理实验台面,并对实验废弃物进行分类处理,对实验室环境进行消杀	
9	工作态度	精神面貌及用心程度	10	工作认真仔细,一丝不苟	
10	团队合作	团队运行状态和组织情况	10	团队成员互帮互助,配合默契	
		合计	100		

○ 导图输出

请尝试用思维导图对本项目的理论和技能点进行整理、归纳。

○ 学习反馈

● 学习成果小结
☐ 能准备实验器材、试剂
☐ 能进行细菌的斜面接种
☐ 能利用稀释倒平板法分离微生物
☐ 能利用涂布平板法分离微生物
☐ 能利用平板划线法获得单菌落
☐ 能根据不同种类微生物菌落特点进行鉴定
☐ 能安全操作，处理实验废弃物

● 重难点总结
你可以整理一下本项目的重点和难点吗？请分别列出它们。

重点 1.

重点 2.

重点 3.

难点 1.

难点 2.

难点 3.

● 收获与心得

1. 通过项目三的学习，你有哪些收获？

2. 在规定的时间内，你的团队完成任务了吗？实际完成情况怎么样？

3. 在任务实施的过程中，你和团队成员遇到了哪些困难？你们的解决方案是什么？

4. 在任务实施的过程中，你和团队成员有过哪些失误？你们从中学到了什么？

5. 在项目学习结束时还有哪些没有解决的问题？

6. 对照评分表看看自己可以得到多少分数吧。

项目四
食品中菌落总数测定

课前导学

情景导入 ▶▶▶

2020年12月,《消费者报道》整理了各地市场监督管理局等在2016年1月至2020年11月公布的关于餐饮场所销售的现泡茶、果汁等产品的质量抽检情况。结果显示,监管部门抽检发现不合格新式茶饮共119批次,包括现泡茶、果汁等产品,不合格原因以微生物污染为主,占比超过八成,其中菌落总数超标88次,大肠菌群超标56次。抽检发现,2020年8月5日,标称由上海某公司大渡河路店生产及销售的大咖鸳鸯,菌落总数检出值为130000CFU/mL,是上海食品安全地方标准《现制饮料》(冷加工现调饮料≤50000CFU/mL)的2.6倍。2019年4月24日,标称为上海某公司销售的百香果雪梨汁,菌落总数检出值为2300000CFU/mL,国标规定≤100000CFU/mL,是标准限量值的23倍。

菌落总数和大肠菌群都是微生物指示菌,主要用来评价食品清洁度,反映食品在生产、加工及运输储存等环节中是否符合规范。如果出现"超标"则说明食品在生产、加工、运输储存等环节中可能存在不规范之处,食品卫生状况有待改进。

在本项目中,我们将按照国标GB 4789.2—2022要求对食品样品中菌落总数进行测定,完成仪器、试剂、耗材的准备,样品采集与稀释,稀释倒平板,菌落计数、计算、报告等一系列操作。

学习目标 ▶▶▶

1. 知识目标

(1) 理解《食品安全国家标准 食品微生物学检验 菌落总数测定》;
(2) 掌握菌落总数测定的方法与基本流程。

2. 能力目标

（1）能按照食品安全国家标准独立完成食品中菌落总数的测定工作（包括试剂、培养基、仪器设备、耗材等准备，采样，检验等过程）；

（2）能对食品中菌落总数测定结果作出准确的判断，出具报告；

（3）能正确处理实验室废弃物。

3. 素质目标

（1）具备较强的安全、环保意识，能在使用完毕后及时整理实验仪器，正确处理实验废弃物；

（2）具有严谨规范、精益求精的工匠精神；

（3）提升对行业的兴趣，增强时代责任感、使命感。

学习导航 ▶▶▶

1. 利用互联网查找食品中菌落总数超标事件。菌落总数是什么意思？它代表的是哪一类微生物的数量？菌落总数单位 CFU/mL 是什么意思？如果食用了菌落总数超标的食品对人体有什么危害呢？

2. 在情景导入资料中我们看到有国家标准（简称国标）和其他标准，请你利用互联网查找食品中菌落总数相关的标准。找出我国现行的关于食品中菌落总数检验的标准，并写出它的编号。

3. 你能读懂中华人民共和国国家标准 GB 4789.2—2022《食品安全国家标准 食品微生物学检验 菌落总数测定》吗？国标建议的检验方法是什么？和项目三所学习到的微生物分离的方法一样吗？

4. 你能列出国家标准中对稀释倒平板法的检验流程吗？请结合图 4-1 的学习导航图列出的任务（图中星号★的数量对应任务的难度）开始本项目的学习吧！

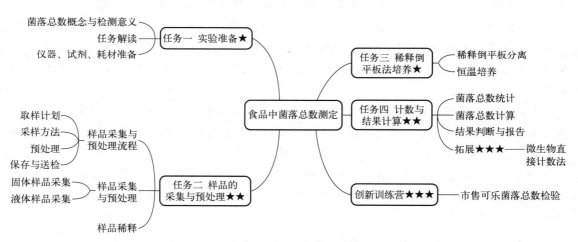

图 4-1　食品中菌落总数测定学习导航图

项目实施

任务一
实验准备 ★

工作任务

在本任务中，我们将一起学习菌落总数测定的概念和意义，在明确国标 GB 4789.2—2022《食品安全国家标准 食品微生物学检验 菌落总数测定》检验流程基础上，为后续的样品采集、样品预处理以及菌落培养准备好相应的仪器、耗材和试剂，避免开始实验后因缺少必要条件而影响任务实施。请在浏览完全部检验方案后确定检验样本的数量，配制足量试剂。

任务目标

1. 能读懂 GB 4789.2—2022《食品安全国家标准 食品微生物学检验 菌落总数测定》，明确菌落总数测定的方法与基本流程。
2. 能根据需求准备实验仪器。
3. 能根据需求准备实验器皿。
4. 能根据需求准备足量的实验试剂。

必备知识

一、菌落总数概念

菌落总数是指食品检样经过处理，在一定条件（如培养基、培养温度和培养时间等）下培养后，所得单位质量（g）、容积（mL）或表面积（cm^2）检样中包含的细菌菌落总数。菌落计数以菌落形成单位（colony forming units，CFU）表示。按国家标准方法规定，采用稀释倒平板法，在 37℃ 下培养 48h，能在普通琼脂平板上生长的细菌数量为菌落总数。所以需氧菌、有特殊营养要求的以及热敏感细菌，由于现有条件不能满足其生理需求，故难以繁殖生长。因此菌落总数并不表示实际的所有细菌总数，计数会比实际存在的细菌数少。

二、菌落总数检验的卫生学意义

菌落总数主要作为判定食品被污染程度的标志，还可以用来预测食品可存放的期限。食品中细菌总数越少，食品可存放的时间就越长；相反，食品的可存放时间越短。

如果食品的菌落总数严重超标，说明其产品的卫生状况达不到基本的卫生要求。消费者食用微生物超标严重的食品，很容易患痢疾等肠道疾病，可能引起呕吐、腹泻等症状，危害人体健康安全。

此外，评定食品的新鲜度和卫生质量除了菌落总数外，还必须配合大肠菌群的检验和病原菌等项目的检验，才能作出比较全面且准确的评定。还有一些食品，如酸泡菜、发酵乳等发酵制品本身就是通过微生物的作用而制成的，在进行平板计数时应排除有关的微生物，不能单凭测定菌落总数来确定卫生质量。

任务实施

一、任务解读

（1）从国标 GB 4789.2—2022《食品安全国家标准 食品微生物学检验 菌落总数测定》的检验程序中我们了解到，菌落总数检验的方法是稀释倒平板法，我们在项目三中学习过这种微生物分离方法。

（2）菌落总数的检验程序可进行如图 4-2 所示的拆分。

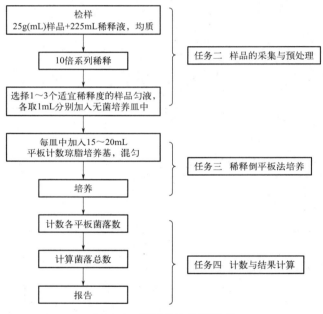

图 4-2　菌落总数检验程序

二、任务准备

请按照要求准备以下物品，并在准备好的物品前面打钩。可以的话，请将需要准备的数量一并标出。

1. 仪器设备

❏ 超净工作台　　　　　　　　　❏ 恒温培养箱

❏ 冰箱　　　　　　　　　　　　❏ 恒温水浴锅

❏ 电子天平（精确至 0.1g）　　　❏ pH 计

❏ 摇床　　　　　　　　　　　　❏ 振荡器

2. 试剂与材料

- ☐ 平板计数琼脂培养基
- ☐ 75%乙醇
- ☐ 液体样品（瓶装酱油）
- ☐ 无菌生理盐水
- ☐ 石炭酸消毒液
- ☐ 固体样品（袋装乳粉）

① 平板计数琼脂（plate count ager，PCA）培养基

成分	×1L	×_____L
胰蛋白胨	5.0g	
酵母浸膏	2.5g	
葡萄糖	1.0g	
琼脂	15.0g	
蒸馏水	1000mL	

制法：将上述成分加入蒸馏水中，加热溶解，调 pH 值为 7.0 ± 0.2。分装于锥形瓶中，每瓶 100mL，121℃下高压灭菌 15min。

② 无菌生理盐水

成分	×1L	×_____L
氯化钠	8.5g	
蒸馏水	1000mL	

制法：称取 8.5g 氯化钠溶于 1000mL 蒸馏水中，121℃下高压灭菌 15min。

3. 其他物品

- ☐ 微量移液器+吸头
- ☐ 无菌培养皿
- ☐ 无菌剪刀
- ☐ 酒精棉球
- ☐ 记号笔
- ☐ 无菌纱布
- ☐ 无菌锥形瓶（250mL）
- ☐ 无菌试管
- ☐ 无菌药匙
- ☐ 试管架
- ☐ 酒精灯

三、操作要点

（1）培养基的配制操作参考项目一。

（2）高压蒸汽灭菌锅的使用参考项目一。

食品菌落总数测定（理论）

食品菌落总数测定（操作）

练一练 ▶▶▶

1. 食品中细菌总数的检验不常用的单位是（　　）。
A. CFU/100mL　　　B. CFU/mL　　　C. CFU/g　　　D. CFU/cm² 表面积

2. 下列关于食品中菌落总数测定的叙述错误的是（　　）。
A. 国标中规定的培养条件是 37℃下培养 48h
B. 国标规定的菌落总数测定方法是稀释倒平板法
C. 稀释倒平板法所检验到的菌落总数即样品中实际存在的细菌数量
D. 菌落总数可以用来判定食品被污染的程度以及预测食品保质期

任务二
样品的采集与预处理 ★

工作任务

采样及样品处理是食品微生物检验工作中非常重要的组成部分。实验室收到的检样是否具有代表性、均匀性及适时性决定了检验结果的准确性。不同形态、种类的食品,其采样和处理方法是不一样的,应根据样品的性质进行合理选择。

本任务将采用 GB 4789.1—2016《食品安全国家标准 食品微生物学检验 总则》中要求的计数取样法对固体(乳粉)和液体(酱油)样品进行取样和预处理,制备稀释液以备进一步检验。

任务目标

1. 能根据样品特点选择合适的采样方案。
2. 能根据方案要求尽快进行样品预处理及梯度稀释。

必备知识

要保证样品的代表性,首先要有一套科学的抽样方案,检验目的不同,采样方案也不同。样品采集与预处理的基本流程如图 4-3 所示。

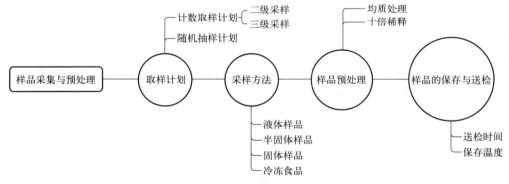

图 4-3 样品采集与预处理基本流程

一、食品检验的取样计划

取样是指在一定质量和数量的产品中,取一个或多个单元用于检验的过程。为了确保采样的代表性,需制订科学的"取样计划",以保证每个样品被抽取的概率相等。目前微生物检验工作中使用较多的取样计划包括计数取样计划(二级、三级)和随机抽样计划。

1. 计数取样计划

本方法是根据国际食品微生物标准委员会所建议的取样计划设计的。在此方法中,采样方案分为二级和三级采样方案。二级采样方案设有 n、c 和 m 值,三级采样方案设有 n、c、

项目四 食品中菌落总数测定 129

m 和 M 值,其中:n 为同一批次产品应采集的样品件数;c 为最大可允许超出 m 值的样品数;m 为微生物指标可接受水平限量值(三级采样方案)或最高安全限量值(二级采样方案);M 为微生物指标的最高安全限量值。

(1) 二级采样方案 该方法先假设食品中微生物的分布为正态分布,以曲线上某一点作为微生物限量值,即 m 值。超过 m 值,即为不合格品,例如,某一产品的检验结果为:$n=10$,$c=0$,$m=100CFU/g$。$n=10$ 表示样本个数为 10 个。$c=0$ 表示在该批样品中,未见超过 m 值($\leqslant 100CFU/g$)的检样,该指标合格;如果有任一样品检验结果超过 m 值($>100CFU/g$),则该指标不合格。

(2) 三级采样方案 该方法假设该食品有 m 和 M 两个限量值,在 n 个样品中,允许全部样品中相应微生物指标检验值 $\leqslant m$ 值;若有 $\leqslant c$ 个样品其相应微生物指标检验结果(X)在 m 值和 M 值之间,这种情况也是允许的;若有 $>c$ 个样品的检验结果位于 m 值和 M 值之间,则这种情况是不允许的;若有任一样品的检验结果 $>M$ 值,则这种情况也是不允许的。

例如:$n=5$,$c=2$,$m=100CFU/g$,$M=1000CFU/g$。若 5 个检样的检验结果均 $\leqslant m$ 值($\leqslant 100CFU/g$),或者 $\leqslant 2$ 个样品的结果在 m 值和 M 值之间($100CFU/g < X \leqslant 1000CFU/g$),则这两种情况是允许的;如果有 3 个以上检样的结果是在 m 值和 M 值之间,或任何一个检样结果超过 M 值($>1000CFU/g$),则判定产品为不合格。

2. 随机抽样计划

随机抽样即在生产过程中(现场抽样时),在不同时间内随机抽取一定数量的少量样品予以混合,保证不同部位被抽取的可能性是均等的,使用方法如下。

① 先将一批产品的各单位产品(箱、包)按顺序排号。

② 任意在表上点出一个数,查看该数字所在的行和列。

③ 根据单位产品的最大位数,查出所在行的连续列数据,编号与该数相同的那份单位产品,直到取够样品数量为止。

例如:对 800 袋奶粉抽取 60 袋进行检验。

第一步,先将 800 袋牛奶编号,可以编为 000,001,…,799。

第二步,在随机数表中任选一个数,例如选出第 8 行第 7 列的数 7(为了便于说明,摘取了第 6 行至第 10 行的部分随机表)。

```
16 22 77 94 39   49 54 43 54 82   17 37 93 23 78
84 42 17 53 31   57 24 55 06 88   77 04 74 47 67
63 01 63 78 59   16 95 55 67 19   98 10 50 71 75
33 21 12 34 29   78 64 56 07 82   52 42 07 44 38
57 60 86 32 44   09 47 27 96 54   49 17 46 09 62
```

第三步,从选定的数 7 开始向右读(读数的方向也可以是向左、向上、向下等),得到一个三位数 785,由于 785<799,说明号码 785 在总体内,将它取出;继续向右读,得到 916,由于 916>799,将它去掉,按照这种方法继续向右读,又取出 567,199,507,…依次下去,直到样本的 60 个号码全部取出,这样我们就得到一个容量为 60 的样本。

二、食品检验的采样方法

不同类型的样品应选择不同的采样工具和方法,能采取最小包装的食品如袋装、瓶装或罐装食品,应采用完整的未开封的样品;必须拆包装取样的,应按照无菌操作进行。如果样品量较大,还需用无菌采样器。

(1) 液体样品的采样　应通过振摇将样品充分混匀,在无菌操作条件下开启包装,用100mL无菌注射器抽取,放入无菌容器。

(2) 半固体样品的采样　通过无菌操作开启包装,用无菌勺从几个不同部位挖取样品,放入无菌容器。

(3) 固体样品的采样　大块整体食品应用无菌刀具和镊子从不同部位取样,取样时应兼顾表面和深度,注意样品的代表性;小块大包装食品应从不同部位的小块上切取样品,放入无菌容器。样品是固体粉末时应边取样边混合。

(4) 冷冻食品的采样　大包装小块冷冻食品的采样按小块个体采取;大块冷冻食品可以用无菌刀从不同部位削取样品或用无菌小手锯从冻块上锯取样品,也可以用无菌钻头钻取碎样品,放入无菌容器。

注: 固体样品或冷冻食品采样还应注意检验目的,若需检验食品污染情况,可取表层样品;若需检验其品质情况,应取深部样品。

三、食品检样的预处理

由于食品检样种类繁多、成分复杂,要根据食品种类的不同性状和特点,采取相应的预处理方法,制备成稀释液才能进行相关项目的检验。样品处理应在无菌区域内进行,若是冷冻样品,必须事先在原容器中解冻,解冻温度为:0~4℃。接种量为25g(mL),采用10倍稀释法进行样品稀释。

预处理方法中以均质法效果最好。其优点表现在:能使微生物从食品颗粒上脱离,在液体中分布均匀;食品中营养物质可以更多地释放到液体中,有利于微生物的生长。在选择制备方法时要合理地选择最佳的方式,如黏度不超过牛乳的非黏性食品、黏性液体食品和不易混合的检样最好放在均质器中加入稀释液进行均质,以保证其均匀性;而能与水混合的检样可采用手振荡或机器振荡进行均质。

四、食品检样的保存与送检

为确保检验结果的适时性,应在样品采集后,由抽样人员撰写完整的抽样报告,并快速将样品送至实验室,送检一般不超过3h。如不能及时运送,冷冻样品应保持冷冻状态,存放在冰箱或冷藏库内;冷却和易腐食品存放在0~5℃冰箱或冷却库内;其他食品可放在常温冷暗处。

任务实施

一、样品采集与预处理

1. 固体样品采集

(1) 用75%乙醇棉球消毒乳粉包装袋,用无菌剪刀剪开包装;

(2) 先用无菌勺将样品搅匀,无菌操作称取25g乳粉样品,加入已装有225mL无菌生理盐水的锥形瓶中,置于摇床振荡10min,充分混匀,制成1:10的稀释液。

2. 液体样品采集

(1) 先用75%酒精棉球消毒瓶口,再用经石炭酸消毒液消过毒的纱布将瓶口包住,小心打开瓶盖；

（2）轻轻混匀样品后，以无菌吸管吸取 25mL 样品加入已装有 225mL 无菌生理盐水的无菌锥形瓶中，置于摇床振荡 10min，充分混匀，制成 1∶10 的稀释液。

二、样品稀释

（1）用记号笔在无菌试管上进行标记：10^{-2}、10^{-3}、10^{-4}，以此类推。

（2）用 1mL 微量移液器吸取 1∶10 样品匀液 1mL，沿管壁缓慢注入已含有 9mL 无菌生理盐水的无菌试管内（注意吸头尖端不要接触液面），在振荡器上振荡均匀，或更换 1 支无菌吸头反复吹打混匀，制成 1∶100 的样品匀液。

（3）按上一步操作程序，制备 10 倍系列稀释样品匀液，注意每递增稀释一次即更新吸头，见图 4-4。

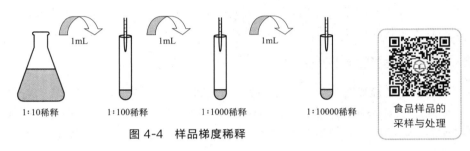

图 4-4　样品梯度稀释

练一练

某检验机构将对在售的酱油和奶粉样品进行抽检，重点检测菌落总数，请完成以下内容。

1. 查阅国标 GB 19644—2010《食品安全国家标准 乳粉》、GB 2717—2018《食品安全国家标准 酱油》，将微生物限量标准填写完整。

检测对象	项目	采样方案及限量/(CFU/g 或 CFU/mL)				检验方法
		n	c	m	M	
乳粉	菌落总数	5	2			
酱油		5	2			

2. 请根据计数取样法，判断下列样品是否符合食品安全国家标准。

样品名称	检验结果	判断结果
乳粉 1#	5 个检样≤$5×10^4$	
乳粉 2#	2 个检样≤$5×10^4$ $5×10^4$<3 个检样≤$2×10^5$	
酱油 1#	4 个检样≤$5×10^3$ 1 个检样>$5×10^4$	
酱油 2#	3 个检样≤$5×10^3$ $5×10^3$<2 个检样≤$5×10^4$	

任务三
稀释倒平板法培养 ★

工作任务

本任务将采用稀释倒平板分离法，选择1～3个连续的稀释度样品进行培养，为下一步菌落计数做好准备。

任务目标

1. 能够按照无菌操作要求熟练完成稀释倒平板分离。
2. 能按照要求完成空白对照实验。
3. 能正确使用培养箱。

任务实施

一、稀释倒平板分离

（1）加热熔化平板计数琼脂培养基，置于（48±2）℃恒温水浴锅中保温；

（2）根据对样品污染状况的估计，选择1～3个连续稀释度的样品匀液（液体样品可包括原液），吸取1mL样品匀液于无菌培养皿内，每个稀释度做两个培养皿，用记号笔在培养皿上盖边缘标记好样品来源、稀释度、检验日期等；

（3）分别吸取1mL空白稀释液加入两个无菌平皿内做空白对照，用记号笔进行标记；

（4）及时将15～20mL冷却至46～50℃的平板计数琼脂培养基倾注入培养皿，并转动培养皿使其混合均匀。

二、恒温培养

（1）待琼脂凝固后，将平板翻转，在（36±1）℃下培养（48±2）h；水产品（30±1）℃下培养（72±3）h。

（2）如果样品中可能含有在琼脂培养基表面弥漫生长的菌落时，可在凝固后的琼脂表面覆盖一薄层琼脂培养基（约4mL），凝固后翻转平板，按上步中的条件进行培养。

 练一练 ▶▶▶

1. 在菌落总数的测定中，平板计数琼脂适合倾注的温度是（　　）。
A. 65℃　　　　　　B. 46℃　　　　　　C. 35℃　　　　　　D. 77℃

2. 下列关于空白对照的说法错误的是（　　）。
A. 每次检验都需做空白对照　　　　　　B. 空白对照应加入1mL稀释液
C. 应做空白对照的数量为2　　　　　　D. 应做空白对照的数量为3

3. 进行食品微生物检验时，冷冻样品可使其先在（　　）条件下解冻，时间不超过 18h。
A. 1～3℃　　　　　B. 2～5℃　　　　　C. 4～6℃　　　　　D. 5～7℃

4. 请试着画出食品菌落总数测定的实验流程图，可以参考任务三的作业进行。

任务四
计数与结果计算 ★★

工作任务

稀释平板计数法是根据微生物在固体培养基上形成单个菌落，是由一个单细胞繁殖而成这一培养特征设计的计数方法，即一个菌落代表一个单细胞。计数时，首先将待测样品制成均匀的系列稀释液，尽量使样品中的微生物细胞分散开，使其呈单个细胞存在，再取一定稀释度、一定体积的稀释液接种到平板中，使其均匀分布于平板中的培养基内。经培养后，由单个细胞生长繁殖形成菌落，统计菌落数目，即可计算出样品中的含菌数。

本任务将采用稀释平板计数法对样品进行菌落总数统计与计算，最后根据国家食品安全标准判断样品是否合格并出具检验报告。

任务目标

1. 能进行平板菌落总数的统计。
2. 能按照计数规则对菌落总数进行计算与判断。
3. 能根据检验标准判断样品是否合格，并出具检验报告。

任务实施

稀释平板计数法的基本流程分为三个步骤，分别是菌落总数统计、菌落总数计算、结果判断与报告见图 4-5。

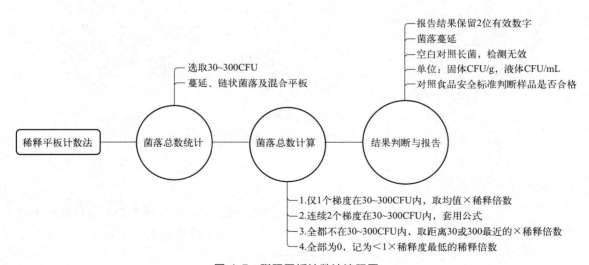

图 4-5 稀释平板计数法流程图

项目四 食品中菌落总数测定

一、菌落总数统计

可用肉眼观察，必要时用放大镜或菌落计数器，记录稀释倍数和相应的菌落数量。

（1）选取菌落数在 30～300CFU 之间、无蔓延菌落生长的平板统计菌落总数 ［图 4-6（a）］。低于 30CFU 的平板记录具体菌落数 ［图 4-6（b）］，大于 300CFU 的可记录为多不可计 ［图 4-6（c）］。每个稀释度的菌落数应采用两个平板的平均数。

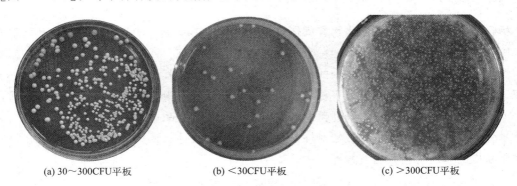

(a) 30～300CFU平板　　　　(b) <30CFU平板　　　　(c) >300CFU平板

图 4-6　平板菌落数量案例（见彩图）

（2）其中一个平板有较大片状菌落生长时，则不宜采用 ［图 4-7（a）］，而应以无片状菌落生长的平板作为该稀释度的菌落数；若片状菌落不到平板的 1/2，而其余 1/2 中菌落分布又很均匀 ［图 4-7（b）］，即可计算半个平板后乘以 2，代表一个平板的菌落数。

（3）当平板上出现菌落间无明显界线的链状生长时 ［图 4-7（c）］，则将每条单链作为一个菌落计数。

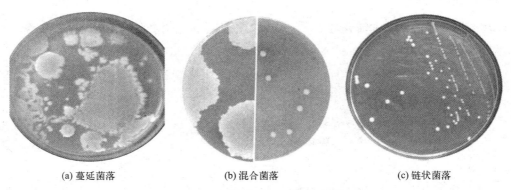

(a) 蔓延菌落　　　　(b) 混合菌落　　　　(c) 链状菌落

图 4-7　平板菌落特殊生长案例（见彩图）

二、菌落总数计算

（1）若只有一个稀释度平板上的菌落数在适宜计数范围内，计算两个平板菌落数的平均值，再用平均值乘以相应稀释倍数，作为每 1g（mL）样品中菌落总数的结果。

（2）若有两个连续稀释度的平板菌落数在适宜计数范围内时，按下列公式计算：

$$N = \frac{\sum C}{(n_1 + 0.1 n_2)d}$$

式中　N——样品中菌落数；

ΣC——平板（含适宜范围菌落数的平板）菌落数之和；

n_1——第一稀释度（低稀释倍数）平板个数；

n_2——第二稀释度（高稀释倍数）平板个数；

d——稀释因子（第一稀释度）。

（3）若所有稀释度的平板上菌落数均大于300CFU，则对稀释度最高的平板进行计数，其他平板可记录为多不可计，结果按平均菌落数乘以最高稀释倍数计算。

（4）若所有稀释度的平板菌落数均小于30CFU，则应按稀释度最低的平均菌落数乘以稀释倍数计算。

（5）若所有稀释度（包括液体样品原液）平板均无菌落生长，则以小于1乘以最低稀释倍数计算。

（6）若所有稀释度的平板菌落数均不在30～300CFU之间，其中一部分小于30CFU或大于300CFU时，则以最接近30CFU或300CFU的平均菌落数乘以稀释倍数计算。

三、结果判断与报告

（1）菌落数小于100CFU时，按四舍五入原则修约，以整数报告。

（2）菌落数大于或等于100CFU时，第3位数字采用四舍五入原则修约后，取前2位数字，后面用0代替位数；也可用10的指数形式来表示，按四舍五入原则修约后，采用两位有效数字。

（3）若所有平板上为蔓延菌落而无法计数，则报告菌落蔓延。

（4）若空白对照上有菌落生长，则此次检验结果无效。

（5）称重取样以CFU/g为单位报告，体积取样以CFU/mL为单位报告。

（6）根据检验样品相关的食品安全标准，对待检样品的菌落总数的合格情况进行判断。

请将小组的实验结果填入下表，养成及时记录的好习惯。

样品名称		规格		样品编号	
检验标准		生产日期		检验日期	
稀释度	接种量/mL	平板菌落数/CFU	平均数/(CFU/mL 或 CFU/g)	空白对照	报告结果/(CFU/mL 或 CFU/g)

四、台面清理

实验结束后尽快清洗实验仪器，整理实验设备及耗材，清理实验桌面，按照微生物实验室安全要求对实验废弃物进行分类并妥当处理，对实验室环境进行消杀。

微生物稀释平板计数法

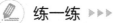

练一练

实验室对 6 个检样（液体）进行了稀释平板计数法测定菌落总数，请将实验结果填写完整：

样品编号	稀释倍数及菌落数/CFU			菌落平均数/(CFU/mL)	报告结果/(CFU/mL)
	10^{-1}	10^{-2}	10^{-3}		
1	1365	164	20		
2	2760	295	46		
	2890	271	60		
3	多不可计	4650	513		
4	27	9	1		
5	无菌落	无菌落	无菌落		
6	多不可计	305	12		

任务拓展

微生物直接计数法★★★

一、任务引导

微生物直接计数法也称显微镜计数法，是指利用血细胞计数板进行计数，是一种常用的微生物计数法。此法的优点是直观、简便、快速。将经过适当稀释的菌悬液（或孢子悬浮液）加入血细胞计数板的计数室内，在显微镜下进行计数。由于计数室的容积是一定的（0.1mm^3），所以可根据在显微镜下观察的微生物数目换算成单位体积内的微生物数目，此法所测得的结果是活菌体和死菌体的总和，也可结合活菌染色、微生物室培养、加细胞分裂抑制剂等方法只计算活菌体数目。

1. 认识血细胞计数板

血细胞计数板是一块特制的厚玻片，玻片上有四条槽和两条嵴，中央有一短横槽和两个平台，两嵴的表面比两个平台的表面高 0.1mm，每个平台上刻有不同规格的格网，中央 1mm^2 面积上刻有 400 个小方格，见图 4-8。

2. 计数板的使用

血细胞计数板有两种规格：一种是将 1mm^2 面积分为 25 个大格，每大格再分为 16 个小格［25×16，图 4-9（a）］；另一种是分为 16 个大格，每个大格再分为 25 个小格［16×25，图 4-9（b）］。两者总共都有 400 个小格。当用盖玻片置于两条嵴上，从两个平台侧面加入菌液后，400 个小方格（1mm^2）计数室内形成 0.1mm^3 的体积空间。通过对一定大格内（16×25 的计数板，按对角线方位取左上、左下、右上、右下四个大方格；25×16 的计数板，除上述 4 个大方格外，还要计数中央的 1 个大方格）微生物数量的统计，求出平均值，乘以 16 或 25 可得出计数室中的总菌数，并计算出 1mL 菌液所含有的菌体数（图 4-9）。它们都可用于酵母、细菌、霉菌孢子等悬液的计数，其基本原理相同。

设 5 个中方格的总菌数为 A，菌液稀释倍数为 B，如果是 25 个中方格的计数板，则：1mL 菌液中的总菌数 $=(A/5)\times 25\times 10^4 \times B = 50000AB$（个）

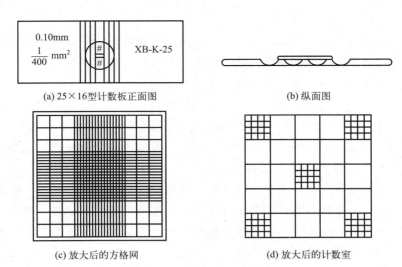

(a) 25×16型计数板正面图　　　(b) 纵面图

(c) 放大后的方格网　　　(d) 放大后的计数室

图 4-8　血细胞计数板构造图

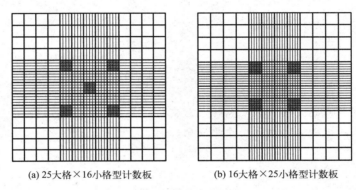

(a) 25大格×16小格型计数板　　　(b) 16大格×25小格型计数板

图 4-9　两种不同刻度的计数板

同理，如果是 16 个中方格的计数板，则：

$$1\text{mL 菌液中的总菌数} = (A/5) \times 16 \times 10^4 \times B = 32000AB(\text{个})$$

二、拓展训练

(一) 实验准备

① 仪器　显微镜。

② 材料　血细胞计数板、盖玻片、吸水纸、计数器、吸管或微量移液器、擦镜纸等。

③ 菌种　酿酒酵母斜面或培养液。

(二) 血细胞计数板计数

1. 菌悬液制备

用无菌生理盐水将酿酒酵母菌制成浓度适当的菌悬液，使每小格内有 5～10 个菌体为宜。

2. 镜检计数室

在加样前，先对计数板的计数室进行镜检。若有污物可用 95% 乙醇的棉球擦拭干净，吹干后才能进行计数。

3. 加样品

将清洁干燥的血细胞计数板盖上盖玻片，再用无菌的毛细吸管吸取摇匀的酿酒酵母菌悬液后由盖玻片边缘滴一小滴，让菌液沿缝隙靠毛细渗透作用自动进入计数室，一般计数室均能充满菌液。注意菌液不能太多，也不能有气泡产生。

4. 显微镜计数

加样后静置5min，待菌液不再流动，将血细胞计数板置于显微镜载物台上，先用低倍镜找到计数室所在位置，然后换成高倍镜进行计数。要注意调节显微镜光线强弱适当，否则视野中不易看清楚计数室方格线。

在计数前若发现菌液太浓或太稀，需重新调节稀释度后再制片观察。一般样品稀释度要求每小格内约有5~10个菌体为宜。位于格线上的菌体一般只数上方和右边线上的。如遇酵母出芽，若芽体大小达到母细胞的1/2时，即作为两个菌体计数。计数一个样品要从两个计数室中计得的平均数值来计算样品的含菌量。

5. 清洗血细胞计数板

使用完毕后，将血细胞计数板在水龙头下用水冲洗干净，切勿用硬物洗刷，洗完后自行晾干或用吹风机吹干。镜检，观察每小格内是否有残留菌体或其他沉淀物。若不干净，则必须重复洗涤至干净为止。

【注意事项】

（1）取样时先要摇匀菌液；加样时计数室不可有气泡产生。

（2）在计数前若发现菌液太浓或太稀，需重新调节稀释度后再计数。

（3）血细胞计数板清洗时切勿用硬物洗刷。

（三）结果记录

将实验结果填入下表中。

血细胞计数板	各中格菌数/个					5个方格中的总菌数/个	稀释倍数	平均值	菌数/(个/mL)
	1	2	3	4	5				
第一室									
第二室									

三、任务拓展成果自检

对照学习成果列表进行自检，在能够完成的任务前面打钩（√）。

☐ 能完成检验所需实验仪器设备及试剂的准备

☐ 能制备合适浓度的菌悬液

☐ 能正确进行计数板的加样

☐ 能在显微镜下完成计数

☐ 能根据计数结果计算样品中微生物浓度

☐ 能妥善处理实验废弃物

微生物直接计数法

> 拓展阅读 >>>

微生物检验新技术为食品安全搭起"防护网"

食品安全问题备受关注，特别是微生物污染对食品的影响。微生物可能在生产、运输和销售环节污染食品，导致其腐败变质，并引发食源性污染和食物中毒。因此，采用有效的食品微生物检验方法至关重要。然而，传统的检验技术操作复杂且耗时，例如金黄色葡萄球菌检验需要5天，单核细胞增生李斯特菌检验则需7天或更长，这限制了结果的时效性。此外，传统方法对技术人员的经验要求较高，导致效率低下，因此，研究和应用新型检验技术对保障食品安全具有重要意义。

1. 分子生物学检测技术

分子生物学检测技术以其高灵敏度、强特异性和短时间内的检测优势，广泛应用于各领域并不断迭代出新方法。尽管快速准确，但需要专业设备和熟练操作人员，样品制备较为烦琐，适合实验室分析。荧光定量PCR（real-time PCR）技术（检测原理如图4-10）通过荧光信号实时监测PCR过程，已成为诺如病毒等检测的国家标准。环介导等温扩增（LAMP）技术通过设计引物在恒温下快速扩增靶基因，方便观察和判断，已广泛应用于基层检测。微滴数字PCR（droplet digital PCR）（检测流程如图4-11）则通过微滴化处理提供更准确的定量检测，适用于诺如病毒等，但因设备成本高，推广存在难度。基因芯片技术在固相载体上固定基因分子，通过荧光标记样品分子杂交，能够高效获取样品信息，已在多种致病性微生物检验中得到应用，并发展出可视化技术，提高检测效率。

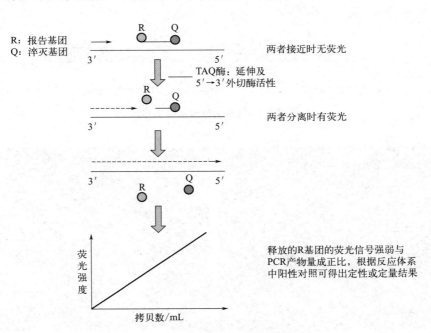

图4-10 荧光定量PCR检测技术原理

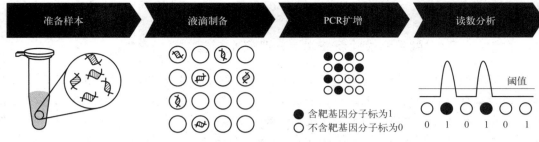

图 4-11 微滴数字 PCR 技术检测流程

2. 免疫检验技术

免疫检验技术主要依靠抗原与抗体的特异性结合来快速识别待测物质，已开发出免疫分析仪和胶体金试剂条等检测产品。酶联免疫吸附检测（ELISA）通过酶与特定抗原或抗体的结合，定量检测样品中的抗体或抗原，具有快速、高特异性和高灵敏度的优点，但易受环境影响导致假阴性或假阳性。免疫层析技术（原理如图 4-12）将特定抗体或抗原包被在支持物上，通过显色条带判断样品中是否含有对应物质，适用于快速初筛和定性检测。免疫荧光技术利用荧光素结合特定抗原或抗体，检测其特异性荧光反应，广泛应用于多种微生物检测。免疫磁珠分离技术使用包被特定抗体的磁珠与待测样品混合，快速分离靶细菌，如图 4-13，适用于乳制品、肉类和蔬菜中的沙门菌检测，但可能受磁珠质量和杂菌污染影响。

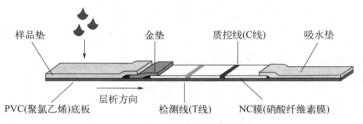

图 4-12 免疫层析检测技术原理

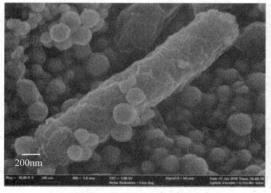
(a) 300nm免疫磁珠与沙门菌

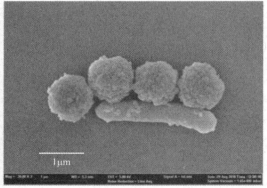
(b) 1μm免疫磁珠与沙门菌

图 4-13 免疫磁珠与目标菌结合状态扫描电镜图

3. 代谢检测技术

代谢检测技术通过微生物的代谢活动及其产物来判断微生物种类，常用的方法包括微热量计技术、ATP荧光检测技术、电阻抗技术和放射测量技术。其中，电阻抗法因其高效的反应速度、良好的重复性和较高的敏感性，被广泛应用于食品微生物检验。该方法通过监测培养基的电阻抗变化，判断微生物的生长状态及数量，适用于大肠杆菌、沙门菌等的检测。此外，ATP荧光检测法利用微生物细胞中的ATP与荧光素反应生成荧光，推断微生物数量，但因食物残渣中也含有ATP，可能影响结果，目前主要用于检测食品生产和销售环境的清洁卫生。

4. 光谱质谱检测技术

光谱质谱检测技术具有无损检测的优点，但稳定性不足且需要昂贵的专用设备，检测成本相对较高，尚未广泛推广。飞行时间质谱检测技术（MALDI-TOF MS）通过分析微生物细胞裂解后碎片的质荷比，能够快速鉴定样品中的细菌种类，具有快速准确的特点，但设备昂贵且维护要求高。随着微生物数据库的丰富，该技术正在快速发展。拉曼光谱检测技术利用拉曼效应分析样品中的分子差异，可用于间接鉴别食品中的微生物，操作简单、快速且无损样品，但因特异性报告分子较少和细菌信号弱，导致灵敏度和重现性不足，限制了其应用。

5. 其他仪器检测技术

其他仪器检测技术包括流式细胞检测、全自动微生物检测系统和微型全自动荧光酶标分析仪（mini-VIDAS）。流式细胞检测技术通过光学或电阻分析流动液体中的细胞，能够对微生物进行计数、活性检测和生长分析，已应用于乳制品中的乳酸菌计数。全自动微生物检测系统，如VITEK Ⅱ，利用微生物的生化反应与数据库比对，提供高效的自动化鉴定和药敏分析。微型全自动荧光酶标分析仪应用酶联免疫荧光技术，通过生成的荧光产物检测食品和环境样本中的致病菌和毒素，操作简单快速，但设备价格较贵。

工作报告

班级：　　　　　姓名：　　　　　学号：　　　　　等级：

工作任务	
任务目标	
流程图	
任务准备	

项目四　食品中菌落总数测定

任务实施	
结果分析	
讨论反思	

学习成果总结

○ 学习评价表

序号	考核内容	考核要点	配分	评分标准	得分
1	材料准备	玻璃器皿、培养基的数量、包扎、灭菌	10	材料准备齐全，包扎娴熟，灭菌操作正确	
2	样品采集与预处理	样品采集、处理与样品稀释	20	能够采用合适的方法对固体和液体样品进行采样与均质，稀释样品的操作规范	
3	培养	稀释倒平板，培养条件	20	倒平板分离操作规范，培养条件符合标准	
4	计数与报告	菌落统计、计算和报告结果	20	能准确统计、计算菌落总数，按照要求判断结果并出具报告	
5	实验废弃物处理	实验台面清理及废弃物分类	10	能及时整理好实验仪器、耗材，清理实验台面，并对实验废弃物进行分类处理，对实验室环境进行消杀	
6	工作态度	精神面貌及用心程度	10	工作认真仔细，一丝不苟	
7	团队合作	团队运行状态和组织情况	10	团队成员互帮互助，配合默契	
		合计	100		

○ 导图输出

请尝试用思维导图对本项目的理论和技能点进行整理、归纳。

项目四 食品中菌落总数测定

○ 学习反馈

● 学习成果小结
☐ 能读懂国标 GB 4789.2—2022
☐ 能准备实验器材、试剂
☐ 能对采集样品按要求进行稀释
☐ 能熟练进行稀释倒平板与培养
☐ 能按照规则计数平板菌落数
☐ 能根据情况对计数结果进行计算并出具检验报告
☐ 能安全操作，处理实验废弃物

● 重难点总结
你可以整理一下本项目的重点和难点吗？请分别列出它们。

重点 1.

重点 2.

重点 3.

难点 1.

难点 2.

难点 3.

● 收获与心得

1. 通过项目四的学习，你有哪些收获？

2. 在规定的时间内，你的团队完成任务了吗？实际完成情况怎么样？

3. 在任务实施的过程中，你和团队成员遇到了哪些困难？你们的解决方案是什么？

4. 在任务实施的过程中，你和团队成员有过哪些失误？你们从中学到了什么？

5. 在项目学习结束时还有哪些没有解决的问题？

6. 对照评分表看看自己可以得到多少分数吧。

创新训练营

可乐是一种有甜味的碳酸饮料，广泛受到全世界人民的喜爱。下面我们将根据前面所学的知识和技能对某超市销售的两种品牌可乐进行菌落总数抽检，本次的任务难度为3颗星（★★★），让我们开始吧！

市售可乐菌落总数检验★★★

1. 任务清单

（1）按照 GB 4789.1—2016《食品安全国家标准 食品微生物学检验 总则》确定抽样方案；

（2）按照 GB 4789.25—2024《食品安全国家标准 食品微生物学检验 酒类、饮料、冷冻饮品采样和检样处理》确定采样方案；

（3）按照 GB 4789.2—2022《食品安全国家标准 食品微生物学检验 菌落总数测定》进行样品的稀释与菌落总数测定；

（4）根据 GB 7101—2022《食品安全国家标准 饮料》规定的微生物限量标准判断样品是否合格，并出具检验报告。

2. 材料

（1）实验试剂

① 平板计数琼脂培养基＿＿＿＿＿＿ mL，见表1。

表1　PCA培养基组分及含量

组分	×100mL	×＿＿＿＿＿＿ mL
胰蛋白胨	0.5g	
酵母浸膏		
葡萄糖		
琼脂		
蒸馏水	100mL	

配制方法：＿＿＿＿＿＿＿＿＿＿＿＿＿＿＿＿＿＿＿＿＿＿＿＿＿＿＿＿＿＿＿＿＿＿＿＿＿＿
＿＿

② 无菌生理盐水＿＿＿＿＿＿ mL。

组分及配制方法：＿＿＿＿＿＿＿＿＿＿＿＿＿＿＿＿＿＿＿＿＿＿＿＿＿＿＿＿＿＿＿＿＿＿
＿＿

（2）仪器设备　见表2。

表2　仪器设备

仪器名称	规格/型号	厂家
移液器		
超净工作台		

续表

仪器名称	规格/型号	厂家
酒精灯		
电子天平（精确至0.1g）		
高压蒸汽灭菌锅		
冰箱		
微波炉/加热底座		
恒温水浴锅（46℃）		
恒温培养箱		

（3）耗材　见表3。

表3　实验耗材

耗材名称	规格/型号	数量
无菌吸头	1mL	
无菌吸管	10mL	
锥形瓶	250mL	
无菌培养皿	$\phi=90mm$	
废液缸		
记号笔		

3. 方法

（1）抽样方案　参照GB 4789.1—2016执行，_____

（2）采样方法　参照GB/T 4789.25—2024执行，_____

（3）样品稀释

（4）稀释倒平板法分离

(5) 培养
_____

(6) 菌落计数　参照 GB 4789.2—2022 执行，_____
_____
_____
_____
_____

4. 结果报告

(1) 检验结果　见表4。

表4　菌落总数测定记录表

样品名称		规格			样品编号	
检验标准		生产日期			检验日期	
稀释度	接种量/mL	平板菌落数/CFU	平均数/(CFU/mL)		空白对照	报告结果/(CFU/mL)

(2) 报告结果　GB 7101—2022《食品安全国家标准 饮料》规定的微生物限量标准如表5。

表5　饮料微生物限量

项目	采样方案及限量				检验方法
	n	c	m	M	
菌落总数/(CFU/mL)	5	2			

根据 GB 7101—2022 判断，_____
_____
_____

项目五
食品中大肠菌群计数

课前导学

情景导入

2009年美国Participant传媒出品的纪录片《食品公司》讲述了一个小男孩凯文因为感染大肠杆菌O157而死亡的真实事件。2001年7月，芭芭拉与丈夫带着儿子凯文去郊游，途中凯文吃过妈妈用从超市买来的牛肉做的汉堡后上吐下泻，便中带血。急诊后，医生找到原因：出血性大肠杆菌O157：H7感染，医院做了肾透析等针对性治疗，然而12天后凯文还是去世了。凯文死后，大肠杆菌对食品的污染还远远没有结束，层出不穷的食品安全事件时刻威胁着人们的健康。

大肠菌群系指一群在37℃培养24h能发酵乳糖，产酸、产气，需氧和兼性厌氧的革兰氏阴性无芽孢杆菌（图5-1）。该菌是一种常规肠道细菌，常生存于人类和哺乳动物肠道，随粪便排出，故以此作为粪便污染指标来评价食品的卫生质量具有广泛的卫生学意义。大肠菌群数的高低，表明了粪便污染的程度，也反映了对人体健康危害性的大小。目前根据GB 4789.3—2016《食品安全国家标准 食品微生物学检验 大肠菌群计数》对食品中的大肠菌群进行检验，以每100mL（g）检样内大肠菌群最可能数（MPN）表示。

在本项目中，我们将按照国标GB 4789.3—2016要求对食品样品中的大肠菌群进行计数，完成仪器、试剂、耗材的准备，样品处理，发酵实验，出具MPN报告。

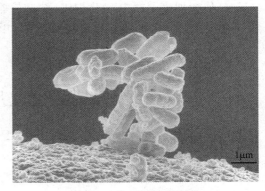

图5-1 大肠杆菌电镜图

学习目标

1. 知识目标

（1）理解《食品安全国家标准 食品微生物学检验 大肠菌群计数》；

（2）掌握检测方法与基本步骤。

2. 能力目标

（1）能按照食品安全国家标准独立完成食品中大肠菌群的检测工作（包括试剂、培养基、仪器设备、耗材等准备，采样，检验等过程）；

（2）能对食品中大肠菌群检验结果作出准确的判断，出具规范的报告；

（3）能正确处理实验室废弃物。

3. 素质目标

（1）具备良好的表达能力和团队协作能力；

（2）具备较强的安全、环保意识，按照实验室安全规程对实验废弃物进行分类及消杀处理；

（3）培养社会责任感，牢记守护人民群众生命安全和身体健康是食品安全检验员责无旁贷的使命。

学习导航

1.利用互联网查找食品中大肠菌群污染事件，通过相关安全事件的报道你能认识到食品检验的重要性和必要性吗？作为食品质量检验的相关人员，我们应该以什么样的态度面对检验工作？

2.利用互联网查找食品中大肠菌群检验的国标或其他标准。我国现行的关于食品中大肠菌群检验的金标准是什么？

3.你能读懂 GB 4789.3—2016《食品安全国家标准 食品微生物学检验 大肠菌群计数》吗？国标建议的检验方法是什么？和项目四《食品中菌落总数测定》所使用的方法一样吗？

4.你能列出国标中对于 MPN 法的检验流程吗？

请结合图 5-2 的学习导航图的任务（图中星号★的数量对应着任务的难度），开始本项目的学习吧！

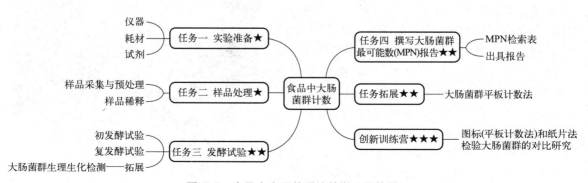

图 5-2　食品中大肠菌群计数学习导航图

> 项目实施

任务一
实验准备 ★

工作任务

本任务意在为后续样品采集、大肠菌群培养准备好相应的仪器、耗材和试剂，避免开始实验后因缺少必要条件而影响任务实施。请在浏览完全部检验方案后确定检验样本的数量，配制足量试剂。

任务目标

1. 能读懂 GB 4789.3—2016《食品安全国家标准 食品微生物学检验 大肠菌群计数》，明确检验方法与基本步骤。
2. 能根据需求准备实验仪器。
3. 能根据需求准备实验器皿。
4. 能根据需求准备足量的实验试剂。

任务实施

一、任务解读

（1）从 GB 4789.3—2016《食品安全国家标准 食品微生物学检验 大肠菌群计数》中，我们了解到该标准第一法（MPN 法）适用于大肠菌群含量较低的食品中大肠菌群的计数；第二法（平板计数法）适用于大肠菌群含量较高的食品中大肠菌群的计数。

（2）大肠菌群 MPN 计数的检验程序可进行以下拆分（图 5-3）。

二、任务准备

按照要求准备以下物品，并在准备好的物品前面打钩。可以的话，将需要准备的数量一并标出。

1. 仪器设备

- ☐ 超净工作台
- ☐ 冰箱
- ☐ 电子天平（精确至 0.1g）
- ☐ pH 计（或精密 pH 试纸）
- ☐ 摇床
- ☐ 恒温培养箱
- ☐ 恒温水浴锅（46℃±1℃）
- ☐ 高压蒸汽灭菌锅
- ☐ 均质器＋均质袋

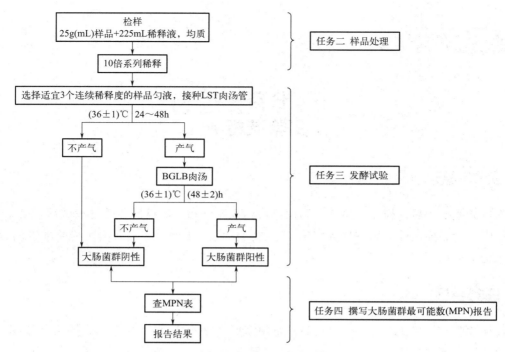

图 5-3　大肠菌群 MPN 计数法检验程序

2. 试剂与材料

- 月桂基硫酸盐胰蛋白胨（LST）肉汤
- 煌绿乳糖胆盐（BGLB）肉汤
- 无菌生理盐水
- 磷酸盐缓冲液
- 75% 乙醇
- 1mol/L NaOH 溶液
- 1mol/L HCl 溶液

成分与配制方法：

（1）月桂基硫酸盐胰蛋白胨（LST）肉汤　按 GB 4789.3—2016 附录 A 中 A.1 规定配制。配制方法如下。

① 成分。胰蛋白胨或胰酪胨 20.0g；氯化钠 5.0g；乳糖 5.0g；磷酸氢二钾（K_2HPO_4）2.75g；磷酸二氢钾（KH_2PO_4）2.75g；月桂基硫酸钠 0.1g，蒸馏水 1000mL。

② 制法。将上述各成分溶解于蒸馏水中，调节 pH 至 6.8±0.2。分装到有玻璃小倒管的试管中，每管 10mL。121℃ 高压灭菌 15min。

观察细菌在糖发酵培养基内的产气情况时，一般在试管内再套一倒置的玻璃小倒管（约 6mm×36mm），此小倒管也称杜氏小管（图 5-4）。

（2）煌绿乳糖胆盐（BGLB）肉汤

① 成分。蛋白胨 10.0g；乳糖 10.0g；牛胆粉（oxgall 或 oxbile）溶液 200mL；0.1% 煌绿水溶液 13.3mL；蒸馏水 800mL。

② 制法。将蛋白胨、乳糖溶于约 500mL 蒸馏水中，加入牛胆粉溶液 200mL（将 20g 脱水牛胆粉溶于 200mL 蒸馏水中，调节 pH 至 7.0~7.5），用蒸馏水稀释到 975mL，调节 pH 至 7.2±0.1，再加入 0.1% 煌绿水溶液 13.3mL，用蒸馏水补足到 1000mL，用棉花过滤后，分装到有玻璃小倒管的试管中，每管 10mL。121℃ 高压灭菌 15min。

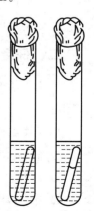

图 5-4　杜氏小管

(3) 无菌生理盐水　称取 8.5g 氯化钠溶于 1000mL 蒸馏水中，121℃高压灭菌 15min。

(4) 磷酸盐缓冲液　称取 34.0g 磷酸二氢钾（KH_2PO_4）溶于 500mL 蒸馏水中，用大约 175mL 的 1mol/L 氢氧化钠溶液调节 pH 至 7.2±0.2，用蒸馏水稀释至 1000mL 后贮存于冰箱。取贮存液 1.25mL，用蒸馏水稀释至 1000mL，分装于适宜的容器中，121℃高压灭菌 15min。

(5) 1mol/L NaOH 溶液　称取 40g 氢氧化钠溶于 1000mL 蒸馏水中。

(6) 1mol/L HCl 溶液　移取浓盐酸 90mL，用蒸馏水稀释至 1000mL。

3. 其他物品

- ☐ 微量移液器＋吸头
- ☐ 无菌培养皿
- ☐ 试管（含玻璃小倒管）
- ☐ 无菌剪刀
- ☐ 接种环
- ☐ 记号笔
- ☐ 废液缸
- ☐ 无菌锥形瓶（250mL）
- ☐ 无菌试管（15mL）
- ☐ 无菌镊子
- ☐ 无菌药匙
- ☐ 试管架
- ☐ 酒精灯
- ☐ 酒精棉球

三、操作要点

(1) 培养基的配制操作参考项目一。

(2) 高压蒸汽灭菌锅的使用参考项目一。

练一练

1. 月桂基硫酸盐胰蛋白胨（LST）肉汤常用于多管发酵法测定大肠菌群和耐热大肠菌群，其中胰蛋白胨可以为细菌生长提供_____，氯化钠可以维持_____，乳糖是大肠菌群可发酵的糖类，磷酸盐是调节培养基 pH 值的缓冲剂，月桂基硫酸钠可以抑制_____的生长。

2. 在准备大肠菌群检验所用的发酵管内放置倒置小管时如何避免产生气泡？

任务二
样品处理 ★

工作任务

食品样品种类多、来源复杂，各类预检样品并不是拿来就能直接检验，要根据食品种类的不同性状，经过预处理后制备成稀释液才能进行有关的各项检验。所采样品必须有代表性，即所取样品能够代表食品的所有部分，应注意样品种类、采集方法、采集数量等方案细节。采样后应尽快送检，尽可能保持检样原有的物理和微生物状态，不要因送检过程而引起微生物的减少或增多。

任务目标

1. 能根据样品特点选择合适的采样方案。
2. 能根据方案要求尽快进行样品预处理。

任务实施

一、样品的采集与处理

（1）固体和半固体样品 称取25g样品，放入盛有225mL无菌磷酸盐缓冲液或无菌生理盐水的无菌均质杯内，8000~10000r/min均质1~2min，或放入盛有225mL无菌磷酸盐缓冲液或无菌生理盐水的无菌均质袋中，用拍击式均质器拍打1~2min；充分振摇，即为1：10的样品匀液。

（2）液体样品 以无菌吸管吸取25mL样品，放入盛有225mL无菌磷酸盐缓冲液或无菌生理盐水的无菌锥形瓶中（瓶内预置适当数量的无菌玻璃珠），充分振摇，即为1：10的样品匀液。

二、样品稀释

用1mL无菌吸管或微量移液器吸取1：10样品匀液1mL，沿管壁缓慢注入含有9mL无菌磷酸盐缓冲液或无菌生理盐水的无菌试管内（注意吸管或吸头尖端不要触及稀释液面），振摇试管，或更换1支无菌吸管反复吹吸，制成1：100的样品匀液。另取1mL无菌吸管，按上述操作顺序，制备10倍递增稀释液，如此每递增稀释1次即更换1次无菌吸管或吸头。样品匀液的pH值应用1mol/L NaOH或1mol/L HCl调节至6.5~7.5。

注：根据样品污染状况估计，按10倍递增系列稀释样品，从制备样品到样品接种完毕，全过程不得超过15min。

练一练

某检验机构将对某食品公司的产品进行抽检，重点检验大肠菌群，请按照标准要求进行样品的采集。

1. 固体和半固体样品：称取_____ g 样品，放入盛有 225mL _____或_____的无菌均质杯内，_____ r/min 均质_____ min，或放入盛有 225mL 无菌磷酸盐缓冲液或无菌生理盐水的_____中，用拍击式均质器拍打_____ min；充分振摇，即为 1∶10 的样品匀液。为了减少稀释倍数的误差，在连续递增稀释时，每一稀释度应更换_____。

2. 液体样品：用_____吸取_____ mL 样品，加入盛有_____ mL 无菌磷酸盐缓冲液或无菌生理盐水的无菌锥形瓶中，充分振摇，制备_____的样品匀液。样品溶液的 pH 值应用_____ mol/L NaOH 或_____ mol/L HCl 调节至_____。

3. 如何操作才能减少样品在稀释时造成的误差？

任务三
发酵试验 ★★

工作任务

糖（醇、苷）类发酵试验是微生物的生理生化鉴定最为常见的方法。由于各种细菌含有发酵不同糖（醇、苷）类的酶，细菌分解糖类后的终产物亦不一致，有的产酸、产气，有的仅产酸，故可利用此特点鉴别细菌，这一特点对肠杆菌科细菌的鉴定尤为重要。本任务利用LST肉汤和BGLB肉汤两种培养液进行初发酵试验和复发酵试验，通过产气情况判断大肠菌群阳性管。

任务目标

1. 能进行菌液接种操作。
2. 能准确判断小倒管内产气情况。

任务实施

一、初发酵试验

样品稀释后，选择3个连续稀释度的样品匀液（液体样品可以选择原液），每个稀释度接种3管月桂基硫酸盐胰蛋白胨（LST）肉汤，每管接种1mL（超过1mL用双料LST肉汤）。(36 ± 1)℃培养(24 ± 2)h，观察小倒管内是否产气，产气者进行复发酵试验（证实试验）；未产气则继续培养(48 ± 2)h，产气者进行复发酵试验，未产气者为大肠菌群阴性，见图5-5（a）。

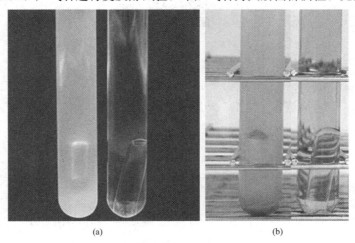

图5-5 大肠菌群发酵试验产气情况（见彩图）

（a）初发酵试验，月桂基硫酸盐胰蛋白胨（LST）肉汤中大肠菌群培养结果为培养基浑浊产气，非大肠菌群浑浊度为0，不产气；（b）复发酵试验，煌绿乳糖胆盐（BGLB）肉汤中大肠菌群培养结果为培养基浑浊产气，非大肠菌群浑浊度为0，不产气

二、复发酵试验（证实试验）

用接种环从产气的 LST 肉汤管中分别取培养物 1 环，移种于煌绿乳糖胆盐（BGLB）肉汤管中，（36±1）℃培养（48±2）h，观察产气情况。产气者，计为大肠菌群阳性管，见图 5-5（b）。

 练一练 ▶▶▶

某检验机构将对某食品公司的产品进行抽检，重点检验大肠菌群，请按照标准要求进行发酵实验。

1. 初发酵试验

样品稀释后，选择 3 个连续稀释度的样品匀液（液体样品可以选择原液），每个稀释度接种 3 管＿＿＿＿肉汤，每管接种＿＿＿＿mL，超过 1mL 用＿＿＿＿肉汤。于＿＿＿＿℃培养＿＿＿＿h，观察是否产气，产气者进行＿＿＿＿；未产气则继续培养＿＿＿＿h。

2. 复发酵试验

用接种环从产气的月桂基硫酸盐胰蛋白胨（LST）肉汤管中分别取培养物＿＿＿＿环，移种＿＿＿＿肉汤管中，＿＿＿＿℃培养＿＿＿＿h，观察产气情况，产气者计为大肠菌群＿＿＿＿管。

3. 为什么大肠菌群的检验要经过复发酵试验才能证实？乳糖和胆盐的作用是什么？

 任务拓展 ▶▶▶

大肠菌群生理生化检验

大肠菌群生理生化检验

任务四
撰写大肠菌群最可能数（MPN)报告★★

工作任务

MPN（most probable number，最可能数）法是基于泊松分布的一种间接计数方法，是统计学和微生物学结合的一种定量检测法。待测样品经系列稀释并培养后，根据其未生长的最低稀释度与生长的最高稀释度，应用统计学概率论推算出待测样品中大肠菌群的最大可能数。食品中大肠菌群数系以每100g（或mL）检样内大肠菌群最可能数（MPN）表示。

任务目标

1. 能在不同稀释度下正确检索MPN表。
2. 能出具可靠的检验报告。
3. 能对实验废弃物进行正确分类及处理。

任务实施

一、任务准备

（1）准确记录任务三中大肠菌群BGLB阳性管数。
（2）明确3个连续稀释度的浓度。

二、结果记录

按任务三中确证的大肠菌群BGLB阳性管数，检索MPN表（表5-1）。MPN检索表是采用3个稀释度9管法，稀释度的选择是基于对样品中菌数的估测，较理想的结果是最低稀释度3管为阳性，而最高稀释度3管为阴性。

表5-1 每克（g）[毫升（mL）] 检样中大肠菌群最可能数（MPN)检索表

阳性管数			MPN	95%可信限		阳性管数			MPN	95%可信限	
0.10	0.01	0.001		下限	上限	0.10	0.01	0.001		下限	上限
0	0	0	<3.0	—	9.5	1	0	2	11	3.6	38
0	0	1	3.0	0.15	9.6	1	1	0	7.4	1.3	20
0	1	0	3.0	0.15	11	1	1	1	11	3.6	38
0	1	1	6.1	1.2	18	1	2	0	11	3.6	42
0	2	0	6.2	1.2	18	1	2	1	15	4.5	42
0	3	0	9.4	3.6	38	1	3	0	16	4.5	42
1	0	0	3.6	0.17	18	2	0	0	9.2	1.4	38
1	0	1	7.2	1.3	18	2	0	1	14	3.6	42

续表

阳性管数			MPN	95%可信限		阳性管数			MPN	95%可信限	
0.10	0.01	0.001		下限	上限	0.10	0.01	0.001		下限	上限
2	0	2	20	4.5	42	3	1	0	43	9	180
2	1	0	15	3.7	42	3	1	1	75	17	200
2	1	1	20	4.5	42	3	1	2	120	37	420
2	1	2	27	8.7	94	3	1	3	160	40	420
2	2	0	21	4.5	42	3	2	0	93	18	420
2	2	1	28	8.7	94	3	2	1	150	37	420
2	2	2	35	8.7	94	3	2	2	210	40	430
2	3	0	29	8.7	94	3	2	3	290	90	1000
2	3	1	36	8.7	94	3	3	0	240	42	1000
3	0	0	23	4.6	94	3	3	1	460	90	2000
3	0	1	38	8.7	110	3	3	2	1100	180	4100
3	0	2	64	17	180	3	3	3	>1100	420	—

注：1.本表采用3个稀释度[0.1g（mL）、0.01g（mL）和0.001g（mL）]，每个稀释度接种3管。
2. MPN 检索表只给了三个稀释度，表内所列检样量如改用1g（mL）、0.1g（mL）和0.01g（mL）时，表内数字应相应降低 10 倍。如改用 0.01g（mL）、0.001g（mL）和 0.0001g（mL）时，表内数字应相应增高 10 倍，其余类推。

三、判断分析

请将检验记录与结果填入食品中大肠菌群检验记录表 5-2 中，报告 1g（mL）样品中大肠菌群的 MPN 值。

表 5-2　食品中大肠菌群检测记录表

样品名称			规格					样品编号			
检验标准			生产日期					检验日期			
稀释度	管号	接种量/mL	初发酵 LST 肉汤	(36±1)℃		倒置小管有无气泡	阴、阳性	复发酵 BGLB 肉汤	阴、阳性	最后结果/(MPN/mL)	
				24h	48h						

四、台面清理

实验结束后尽快清洗实验仪器，整理实验设备及耗材，清理实验桌面，按照微生物实验室安全要求对实验废弃物进行分类并妥当处理，对实验室环境进行消杀。

MPN 法测定大肠菌群（理论）

MPN 法测定大肠菌群（操作）

练一练

1. 某同学对食堂饭菜样品 A 进行大肠菌群计数检验，请检索 MPN 表，填写完成检验结果。检验的稀释度是 0.1g、0.01g、0.001g，最后得出大肠杆菌阳性的管数为 2、0、1，那么大肠菌群最可能数（MPN）是_____，报告结果为_____。

2. 另一位同学对样品 B 的检验稀释度为 1g、0.1g、0.01g，最后得出大肠杆菌阳性的管数为 3、1、0，那么大肠菌群最可能数（MPN）是_____，报告结果为_____。

任务拓展

大肠菌群平板计数法★★

一、任务引导

GB 4789.3—2016《食品安全国家标准 食品微生物学检验 大肠菌群计数》规定 MPN 法适用于大肠菌群含量较低的食品中大肠菌群的计数，对于大肠菌群含量较高的食品中大肠菌群的计数应当使用大肠菌群平板计数法。大肠菌群平板计数法是利用大肠菌群在固体培养基中发酵乳糖产酸，在指示剂的作用下形成可计数的红色或紫色，带有或不带有沉淀环的菌落从而进行计数。

根据项目四学习的关于《食品中菌落总数测定》的内容，你能否设计出大肠菌群平板计数法实验方案？可参考图 5-6 进行设计。

二、拓展训练

（一）实验准备

（1）无菌培养皿　直径 90mm。

（2）结晶紫中性红胆盐琼脂（VRBA）

成分：蛋白胨 7.0g，酵母膏 3.0g，乳糖 10.0g，氯化钠 5.0g，胆盐或 3 号胆盐 1.5g，中性红

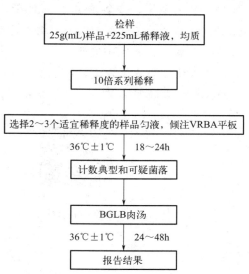

图 5-6　大肠菌群平板计数法检验程序

0.03g，结晶紫0.002g，琼脂15～18g，蒸馏水1000mL。

制法：将上述成分溶于蒸馏水中，静置几分钟，充分搅拌，调节pH至7.4 ± 0.1。煮沸2min，将培养基熔化并恒温至45～50℃倾注平板。使用前临时制备，不得超过3h。

（二）平板计数

（1）选取2～3个适宜的连续稀释度，每个稀释度接种2个无菌培养皿，每个培养皿1mL。同时取1mL无菌生理盐水加入无菌培养皿内做空白对照。

（2）及时将15～20mL熔化并恒温至46℃的结晶紫中性红胆盐琼脂（VRBA）倾注于每个培养皿中。小心旋转培养皿，将培养基与样液充分混匀，待琼脂凝固后，再加3～4mL VRBA覆盖平板表层。翻转平板，置于$36℃\pm1℃$培养18～24h。

（三）平板菌落数的选择

选取菌落数在15～150CFU之间的平板，分别计数平板上出现的典型和可疑大肠菌群菌落（如：菌落直径较典型菌落小）。典型菌落为紫红色，菌落周围有红色的胆盐沉淀环，菌落直径为0.5mm或更大（图5-7）。最低稀释度平板低于15CFU的记录具体菌落数。

（四）证实试验

从VRBA平板上挑取10个不同类型的典型和可疑菌落，少于10个菌落的挑取全部典型和可疑菌落。分别移种于BGLB肉汤管内，$36℃\pm1℃$培养24～48h，观察产气情况。凡BGLB肉汤管产气，即可报告为大肠菌群阳性。

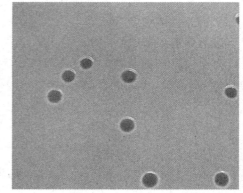

图5-7　结晶紫中性红胆盐琼脂（VRBA）上细菌菌落

（五）大肠菌群平板计数的报告

经最后证实为大肠菌群阳性的试管比例乘以以上（三）中计数的平板菌落数，再乘以稀释倍数，即为每克（g）[毫升（mL）]样品中的大肠菌群数。

例：10^{-4}样品稀释液1mL，在VRBA平板上有100个典型和可疑菌落，挑取其中10个接种BGLB肉汤管，证实有6个阳性管，则该样品的大肠菌群数为：$(100\times6/10)\times10^4$/g(mL)$=6.0\times10^5$CFU/g(mL)。若所有稀释度（包括液体样品原液）平板均无菌落生长，则以小于1乘以最低稀释倍数计算。

请根据检验具体方案，结合任务四结果记录表格设计食品中大肠菌群检验记录表，并将你的检验结果填写完整，出具检验报告。

平板法测定大肠菌群（理论）

平板法测定大肠菌群（操作）

任务拓展成果自检

对照学习成果列表进行自检,在能够完成的任务前面打钩(√)。
- ☐ 能完成检验所需实验仪器、设备及试剂的准备
- ☐ 能完成样品采集和稀释
- ☐ 能完成平板接种和培养,并设置空白对照
- ☐ 能对典型大肠菌群菌落特征进行判断并计数,需要时能够进行证实实验
- ☐ 能出具正确可信的大肠菌群平板计数报告
- ☐ 能妥善处理实验废弃物

拓展阅读

大肠菌群

1. 大肠菌群的危害

大肠菌群中大部分菌种都是病原菌,它们产生的毒素会黏附在宿主的细胞上,干扰细胞的新陈代谢,并且破坏细胞的组织结构。成千上万的人因感染大肠杆菌致病,其中很多病人不治而亡。不同的菌株会引起人类不同的病状,病状的严重程度也因人而异,如志贺氏菌会破坏血细胞和肾脏,肠出血性大肠杆菌 O157:H7 是常见的溶血性食源致病菌(图5-8),具有较高的感染率和致死率。

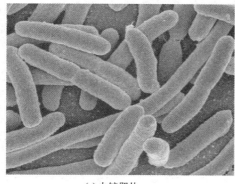
(a) 电镜照片

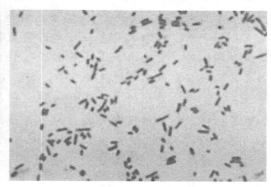
(b) 镜检图片

图 5-8　肠出血性大肠杆菌 O157: H7

当大肠杆菌繁殖到 $10^6 \sim 10^9$ 时将会导致宿主有病发特征,没有症状的宿主与病发者都是大肠杆菌携带者与传染源。大肠杆菌游走于各种宿主之间,具有很强的生存能力,即使进入质体和病毒中,也可以适应新的环境并承受压力,这些特性帮助它们实现更顽强的致病性。此外,大肠杆菌也是一个生命力顽强的细菌,对热的抵抗力较其他肠道杆菌强,55℃经 60min 或 60℃加热 15min 仍有部分细菌存活,在自然界的水中可存活数周至数月,在温度较低的粪便中存活更久。大肠菌群数常作为饮水和食物(或药物)的卫生学标准。我国的卫生标准是每 1000mL 饮水中不得超过 3 个大肠菌群;瓶装汽水、果汁等每 100mL 中大肠菌群不得超过 5 个。

面对这些生命力顽强的微生物的检验任务以及潜在的风险，我们作为食品安全检验员光有心还不够，更要有行动，掌握岗位知识和技能，拥有一定的科学素养，才能守护食品安全！同时，在检验工作结束后一定要按照实验室安全规程对实验废弃物进行分类及消杀处理，并联系专业人员进行收集、运输，防止感染实验人员和污染实验室及周围环境。

2. 历史上的大肠杆菌大流行事件

美国于1991年、1993年、1996年就曾3次发生大肠杆菌暴发性流行。1996年，日本也发生过近万人集体感染大肠杆菌O157：H7事件，不断有人因腹痛腹泻、便血、发热等食源性中毒症状被送进医院，更重要的是，受害者中大部分都是在学校里的小孩。

2011年5~6月德国暴发了由大肠杆菌O104：H4感染引起的溶血性痢疾的疫情，自2011年5月1日一起感染病例起，以德国北部五省为病发源，以100例/天的病情传播速度迅速蔓延，覆盖德国16个省、郡、县，一个月内扩大到3895起相同病例。经查，所有病人都曾到过德国北部，或者食用过来自北方的食物。还有少部分病例发生在其他国家，病人也是因为去过德国北部城市而染病。通过对病人食用过的食物追溯调研，发现污染源是德国北部的一种小黄瓜，而最初感染大肠杆菌O104：H4病原的竟然是2009年从埃及引入到德国的黄瓜苗。

食品检验数据和结论的客观、公正、准确，直接影响到食品企业的品控管理和政府监管部门的执法措施。一旦食品检验过程出现失误，甚至弄虚作假，就会对食品安全造成重要影响，威胁到广大人民群众的身体健康和生命安全。

3. 如何预防大肠菌群的感染

翻阅世界卫生组织（WHO）及美国疾病预防和控制中心（CDC）网站，你会发现大肠杆菌是食物中毒事件中的常客，经常污染生菜、即食沙拉及牛肉制品。研究发现易遭受污染的食物包括：生的肉类或者是加工过程中的肉制品，如发酵类肉制品、低温代加工肉制品等；原料奶以及奶制品如芝士；未杀菌的果汁和生鲜蔬菜如豆芽、生菜、芹菜、菠菜、蘑菇等。通过施肥的环节，大肠杆菌可以从人畜粪便进入农田，污染灌溉水和种子，人畜再通过在田间的活动带走污染源，导致交叉性污染。在食品加工过程中，已经被污染的原材料，不卫生的处理水以及不规范的操作都会导致污染。以图5-9中展示的大肠杆菌的旅行途径，也是食物受到污染的途径，其中人类的活动是病原体传播的主要带动步骤。

可以按下述方法预防大肠杆菌感染：

① 保持清洁，勤洗手。由于大肠杆菌具有传染性，可以通过粪便污染从一个人传播到另一个人，所以厕所卫生不佳可能导致细菌传播。

② 生熟分离。生熟食物分开放，存放或处理生熟食物的容器、刀和砧板等要分隔，避免交叉污染。同时保持厨具、餐具清洁，可避免细菌繁衍。

③ 食物充分做熟。肉、禽、海产彻底做熟，温度最好超过70℃，熟食二次加热时要彻底热透。

④ 保持食物的安全温度。熟食和易腐烂的食物及时冷却（5℃以下），冰箱不过久储存食物，冷冻食物尽量放在冰箱冷藏室内且解冻时使用冷水，以减缓细菌的生长速度。

⑤ 使用安全的水和原材料。选择信誉好的经营场所购买食物，果蔬要洗净，不吃变质食物。

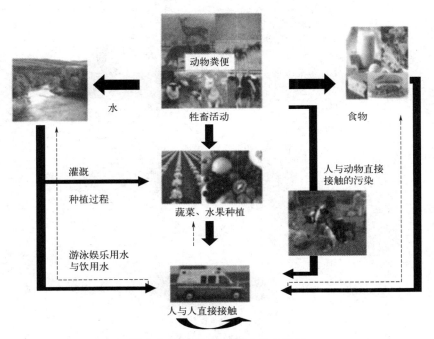

图 5-9　大肠杆菌污染食物的途径

⑥ 泳池也是粪便污染的重点区域之一。在疾病预防控制中心最近的一项研究中，58%的公共泳池检验粪便污染呈阳性。因此，游泳池应该用氯处理，池水应定期更换，这是为了避免污染并确保游泳安全。如果你要去游泳，就需要尽可能避免吞下泳池水，另外，离开泳池后淋浴可大大减少感染的机会。

把这些信息分享给亲人、朋友、邻居，普及食品安全知识，充分发挥同学们的专业所长，守护人民群众生命安全和身体健康是我们食品安全检验员责无旁贷的使命。

工作报告

班级：　　　　　姓名：　　　　　学号：　　　　　等级：

工作任务	
任务目标	
流程图	
任务准备	

任务实施	
结果分析	
讨论反思	

学习成果总结

○ 学习评价表

序号	考核内容	考核要点	配分	评分标准	得分
1	材料准备	玻璃器皿、培养基的数量、包扎、灭菌	10	材料准备齐全，包扎娴熟，灭菌操作正确	
2	采样、样品稀释	样品处理、样品稀释	20	能够说出本组样品的采样方法，处理样品、稀释样品的操作规范	
3	初发酵	接种操作，培养条件	15	接种操作规范，培养条件符合标准	
4	复发酵	接种操作，培养条件	15	能准确判断产气管数，并正确转移接种	
5	查表报告	结果报告	10	能规范准确报告数据	
6	实验废弃物处理	实验台面清理及废弃物分类	10	能及时整理好实验仪器、耗材，清理实验台面，并对实验废弃物进行分类处理，对实验室环境进行消杀	
7	工作态度	精神面貌及用心程度	10	工作认真仔细，一丝不苟	
8	团队合作	团队运行状态和组织情况	10	团队成员互帮互助，配合默契	
		合计	100		

○ 导图输出

请尝试用思维导图对本项目的理论和技能点进行整理、归纳。

○ 学习反馈

● 学习成果小结 ☐ 能读懂国标 GB 4789.3—2016 ☐ 能准备实验器材、试剂 ☐ 能对样品进行预处理和稀释 ☐ 能进行发酵试验并判断结果 ☐ 能检索 MPN 表 ☐ 能给出检验结果 ☐ 能安全操作，处理实验废弃物	● 重难点总结 你可以整理一下本项目的重点和难点吗？请分别列出它们。 重点 1. 重点 2. 重点 3. 难点 1. 难点 2. 难点 3.

● 收获与心得

1. 通过项目五的学习，你有哪些收获？

2. 在规定的时间内，你的团队完成任务了吗？实际完成情况怎么样？

3. 在任务实施的过程中，你和团队成员遇到了哪些困难？你们的解决方案是什么？

4. 在任务实施的过程中，你和团队成员有过哪些失误？你们从中学到了什么？

5. 在项目学习结束时还有哪些没有解决的问题？

6. 对照评分表看看自己可以得到多少分数吧。

创新训练营

纸片法也称为测试片法，是用快检纸片代替培养基，在纸片的制作过程中将相应的培养基以及用于菌落显色的显色物质加入纸片，之后通过快检纸片和目标样品的直接接触，使需要检验的目标菌附着在经过无菌生理盐水浸泡的纸片上，在适宜温度下经过一定时间的培养即可显示结果。蔡军对培养皿计数法与测试片法进行了对比试验，结果发现测试片法特异性较强且检出限度较低，诊断效率接近于平板计数法。文霞等采用 3M Petrifilm™ 大肠菌群测试片法对大肠菌群进行了检验，发现 3M Petrifilm™ 大肠菌群测试片法在计数方面与传统培养皿计数结果相比无差异。

纸片法由于使用方便，操作简单，又能有效缩短检验周期而被广泛地应用于监控食品被微生物污染的程度。但是纸片法所得的结果究竟准不准确？它和国标（平板计数法）所得的结果的差距又是多少？下面我们就来设计实验方案，结合实验室现有检验条件开展实验，研究一下纸片法在食品菌落总数检验中的准确性。本次的任务难度3颗星（★★★）。

国标（平板计数法）和纸片法检验大肠菌群的对比研究★★★

有效检验大肠菌群，有助于食品的卫生管理，对于维护消费者的健康安全具有重大的意义。微生物测试纸片是应快速检测的市场需求而产生的一款简便、高效的新兴检测产品，本研究将通过国标（平板计数法）和纸片法对五种食品的检验结果进行比较，分析两种方法的特点和性能。

1. 材料和方法

（1）材料

① 试剂及仪器

_____

_____

大肠菌群快速测试纸片：_____

② 样品　为确保实验结果的覆盖性和准确性，抽取容易受污染的食品（豆腐、生猪肉、巴氏灭菌牛奶）和相对较洁净的食品（纯净水）各3个样本。同时，采用实验室保存的大肠杆菌（CMCC 44113）作为验证实验的材料，加标于经灭菌处理的白馒头中。

菌株复苏：取保存于－80℃的大肠杆菌，接种于营养肉汤培养液中，于37℃静置培养至麦氏浊度1.5左右。模拟加标样本制备：取复苏后的原始菌液1mL加入25g白馒头中，作为模拟检样。

（2）方法

① 国标（平板计数法）　参照 GB 4789.3—2016（第二法）执行，_____

_____

_____

_____

② 纸片法
_____
_____
_____

计数和结果计算均按照说明书的要求进行。

(3) 结果分析　每组测试做三个平行重复，采用 SPSS 软件比较两种检测方法的数据平行性，选用独立样本 t 检验进行均数比较，$p<0.05$ 表示差异显著有统计学意义。此外，对两种检测方案的计数结果、菌落辨识度、简便性及检测成本等指标进行综合评价。

2. 结果

(1) 计数结果

五种样品不同检验方法结果见表1。传统检测方法与纸片产品在供试品实际及模拟样品的大肠菌群计数结果上_____
_____
_____

t 检验分析结果显示_____
_____

表1　五种样品不同检验方法结果

样品类型	测试方法	平均大肠菌群数 /(CFU/g 或 CFU/mL)	p 值	结论
豆腐	国标（平板计数法） 纸片法			
生猪肉	国标（平板计数法） 纸片法			
巴氏灭菌牛奶	国标（平板计数法） 纸片法			
纯净水	国标（平板计数法） 纸片法			
模拟加标样品	国标（平板计数法） 纸片法			

(2) 菌落辨识度　如图1所示。

请在此处粘贴或者绘制菌落形态图

图1　国标（平板计数法）与快速检验纸片上菌落形态比较

_____
_____
_____

（3）简便性

（4）成本

3. 分析与结论

（1）分析　在食品大肠菌群检测方法中平板计数法是国标规定的检测方法，_____

这种经典的方法具有原理简单、费用低廉、利于推广等优点，因此仍是常规检验的主要方法。
纸片法与平板计数法相比，_____

两者比较见表2。

表2　食品中大肠菌群两种检验方法比较

测试方法	国标（平板计数法）	纸片法
操作步骤		
检测时间		
确认实验		
干扰因素		
检测效率		
检测成本		
废液污染		

（2）结论

项目六
乳品中乳酸菌检验

课前导学

情景导入

  2017年9月3日，北京消费者邱某在某超市购买了"××黄桃益菌多酸牛奶125g×8"一盒，单价为14.9元。产品包装正侧面标注"益菌多""肠道动起来绽放好状态"字样，包装侧面标注"嗜酸乳杆菌（肠道小管家）、双歧杆菌（肠道营养师）、嗜热链球菌（肠道美容师）、保加利亚乳杆菌（肠道环保师）"字样。该产品配料表内容为：生牛乳、黄桃果粒、白砂糖、乳酸菌（嗜热链球菌、保加利亚乳杆菌、嗜酸乳杆菌、双歧杆菌）、食品添加剂（明胶）。邱某认为，该酸奶产品对乳酸菌进行了特别强调，却未在配料中标明具体含量，违反了有关食品安全国家标准的规定，属于不符合国家食品安全标准的食品。据此，邱某向北京市顺义区人民法院起诉，请求依据《中华人民共和国食品安全法》相关规定判令某超市向其退货退款，并赔偿1000元。

  乳酸菌是一类可发酵糖，主要产生大量乳酸的细菌的通称，不能液化明胶、不产生吲哚、革兰化阳性、无运动、无芽孢、触敏阴性、硝酸还原酶阴性及细胞色素氧化酶阴性反应。主要为乳杆菌属、双歧杆菌属和嗜热链球菌，如图6-1。这类细菌在自然界分布广泛，可栖居在人和各种动物的口腔、肠道等器官内，在土壤、食品、饲料、水及一些临床标本中

  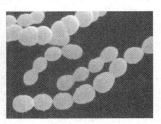

(a) 乳杆菌　　　　　　　　　(b) 双歧杆菌　　　　　　　　　(c) 嗜热链球菌

图 6-1　乳酸菌种类

都有乳酸菌的存在。乳酸菌在工业、农业和医药等与人类生活密切相关的领域中应用价值很高，相当多的乳酸菌对人畜的健康起着有益的作用，但个别菌种能对人畜致病。

检测乳酸菌的方法主要有乳酸菌的形态学观察、乳酸菌的生化鉴定和测定代谢产物等。其中乳酸菌的形态学观察包括平板菌落特征的观察、光学显微镜观察和电镜观察。而乳酸菌生化特征的测定包括过氧化物酶的测定、葡萄糖的氧化发酵测定、糖类或醇类的发酵实验、乙醇的氧化、乙酸的氧化、产氨实验、硝酸盐还原试验、脲酶测定、吲哚产生试验、氨基酸脱羧酶测定、明胶水解等方法。

在本项目中，将按照 GB 4789.35—2023《食品安全国家标准 食品微生物学检验 乳酸菌检验》要求对乳品中的乳酸菌总数、乳杆菌、双歧杆菌和嗜热链球菌的数量进行检验，要求大家完成仪器、试剂和耗材的准备，样品处理，检验实验，最终出具检验报告。

学习目标

1. 知识目标

（1）理解《食品安全国家标准 食品微生物学检验 乳酸菌检验》；

（2）掌握检验方法与基本步骤。

2. 能力目标

（1）能按照食品安全国家标准独立完成酸奶制品中乳酸菌总数、乳杆菌、双歧杆菌和嗜热链球菌的检验工作（包括试剂、培养基、仪器设备、耗材等的准备，采样，检测等过程）；

（2）能对酸奶制品中乳酸菌数量检测结果进行正确的分析和判断，出具规范的报告；

（3）能正确处理实验室废弃物。

3. 素质目标

（1）具有善于思考的习惯，以及综合运用知识，分析判断、解决问题的能力；

（2）具备良好的表达能力和团队协作能力；

（3）紧跟行业发展前沿，具备自主学习的能力和动力。

学习导航

1. 利用互联网查找乳酸菌制品相关新闻事件，通过相关的食品安全事件报道，你是否能认识到食品安全检验的重要性和必要性？作为食品质量检验的从业人员，我们应该以怎样的态度面对检测工作？

2. 利用互联网查找乳品中乳酸菌检验的国标或行标。我国现行的乳品中乳酸菌检测的标准是什么？

3. 你能读懂国标 GB 4789.35—2023 吗？国标中建议的检测方法是什么？请将该标准与已废止的国标 GB 4789.35—2016 标准进行比对，比较这两个标准所使用的检验方法是否一致？为什么要进行修改？

4. 请你列出国标 GB 4789.35—2023 中对乳酸菌总数、乳杆菌、嗜热链球菌和双歧杆菌的检验方法，重点关注对于不同的检验目的，其实验条件有何不同。

请结合图 6-2 的学习导航图的任务（图中星号★的数量对应着任务的难度），开始本项目的学习吧！

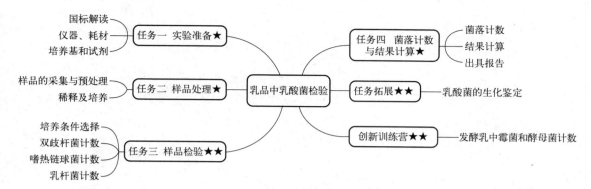

图 6-2 乳品中乳酸菌检验学习导航图

项目实施

任务一
实验准备 ★

工作任务

本任务是为后续样品采集、乳酸菌检测准备相应的仪器、试剂和耗材。请大家在认真阅读 GB 4789.35—2023 的基础上，确定检验样本的数量，所需的试剂和耗材的用量。

任务目标

1. 能读懂国标 GB 4789.35—2023，明确检验方法与基本步骤。
2. 能根据需求准备实验仪器。
3. 能根据需求准备实验器皿。
4. 能根据需求准备相应的、足量的实验试剂。

任务实施

一、解读 GB 19302—2010《食品安全国家标准 发酵乳》

1. 了解发酵乳的定义与产品界定

国标中规定发酵乳是以生牛（羊）乳或乳粉为原料，经杀菌、发酵后制成的 pH 值降低的产品，包括酸乳和风味发酵乳。

2. 查看微生物限量

表 6-1 列出了食品安全国家标准对发酵乳中微生物限量的规定和检验方法。

表 6-1　发酵乳中微生物限量

项目	采样方案[①]及限量（若非指定，均以 CFU/g 或 CFU/mL 表示）				检验方法
	n	c	m	M	
大肠菌群	5	2	1	5	GB 4789.3 平板计数法
金黄色葡萄球菌	5	0	0/25g（mL）	—	GB 4789.10 定性检验
沙门菌	5	0	0/25g（mL）	—	GB 4789.4
酵母 ≤	100				GB 4789.15
霉菌 ≤	30				

① 样品的分析及处理按 GB 4789.1 和 GB 4789.18 执行。

3. 解读发酵乳的乳酸菌数量指标

表 6-2 列出了食品安全国家标准对发酵乳中乳酸菌数的规定，检验方法是采用 GB 4789.35，当前现行标准号是 2023 年版本。

表 6-2 发酵乳中乳酸菌数

项目		限量/[CFU/g(mL)]	检验方法
乳酸菌数[①]	≥	1×10^6	GB 4789.35

[①] 发酵后经热处理的产品对乳酸菌数不作要求。

二、解读 GB 4789.35—2023，获取检验方法信息

据国标，将乳酸菌检验程序进行如下拆分（图 6-3）。

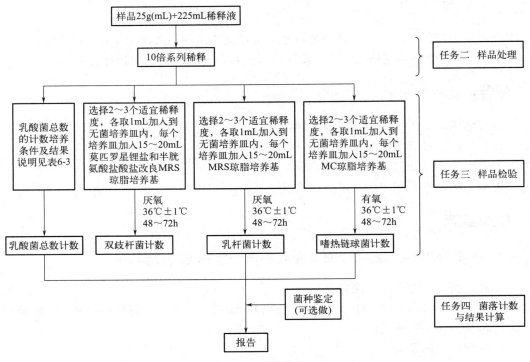

图 6-3 乳酸菌检验程序

三、仪器与材料准备

1. 仪器、器皿准备

请对照下表准备所需物品，并在准备好的物品前面打钩，如果还缺少物品，请补充完整：

- ☐ 电子天平（精确至 0.01g）
- ☐ 恒温培养箱
- ☐ 无菌吸管
- ☐ 恒温水浴锅
- ☐ 记号笔
- ☐ 无菌锥形瓶
- ☐
- ☐ 高压蒸汽灭菌锅
- ☐ 均质器
- ☐ 无菌培养皿
- ☐ 冰箱 2~8℃
- ☐ 微量移液器和吸头
- ☐
- ☐

2. 培养基和试剂

请对照下表准备所需试剂，并在准备好的试剂前面打钩：

☐ MRS 琼脂培养基 ☐ 改良 MRS 琼脂培养基
☐ MC 琼脂培养基 ☐ 无菌稀释液
☐ ☐

（1）MRS 琼脂培养基的制备　请按照下列成分配制 MRS 琼脂培养基，称量之前计算出需要的量并填入下表：

成分	×1L	×_____L
蛋白胨	10.0g	
牛肉浸粉	10.0g	
酵母浸粉	5.0g	
葡萄糖	20.0g	
吐温 80	1.0mL	
$K_2HPO_4 \cdot 7H_2O$	2.0g	
醋酸钠·$3H_2O$	5.0g	
柠檬酸三铵	2.0g	
$MgSO_4 \cdot 7H_2O$	0.1g	
$MnSO_4 \cdot 4H_2O$	0.05g	
琼脂粉	15.0g	

制法：将上述成分加入到 1000mL 蒸馏水中，加热溶解，调节 pH 值至 6.2±0.2，分装后 121℃ 高压灭菌 15min。

（2）莫匹罗星锂盐和半胱氨酸盐酸盐改良 MRS 琼脂培养基

① 莫匹罗星锂盐储备液制备。称取 50mg 莫匹罗星锂盐加入到 5mL 蒸馏水中，用 0.22μm 微孔滤膜过滤除菌，临用现配。

② 半胱氨酸盐酸盐储备液准备。称取 500mg 半胱氨酸盐酸盐加入到 10mL 蒸馏水中，用 0.22μm 微孔滤膜过滤除菌，临用现配。

③ 制法。将 MRS 琼脂培养基各成分加入到 985mL 蒸馏水中，加热溶解，调节 pH 值至 6.2±0.2，分装后 121℃ 高压灭菌 15min。临用时加热熔化琼脂，在水浴中冷却至 48～50℃，用无菌注射器将莫匹罗星锂盐储备液及半胱氨酸盐酸盐储备液加入到熔化琼脂中，使培养基中莫匹罗星锂盐的浓度为 50μg/mL，半胱氨酸盐酸盐储备液的浓度为 500μg/mL。

（3）MC 琼脂培养基

① 请按照下列成分配制 MC 琼脂培养基，称量之前计算出需要的量并填入下表：

成分	×1L	×_____L
大豆蛋白胨	5.0g	
牛肉浸粉	5.0g	
酵母浸粉	5.0g	
葡萄糖	20.0g	
乳糖	20.0g	
碳酸钙	10.0g	
琼脂	15.0g	
蒸馏水	1000mL	
1% 中性红溶液	5.0mL	

项目六　乳品中乳酸菌检验

② 制法。将前面 7 种成分加入蒸馏水中，加热溶解，调节 pH 值至 6.2±0.2，加入中性红溶液。分装后 121℃ 高压灭菌 15min。

（4）无菌稀释液

请将配制方法写下来，请参考 GB 4789.35—2023。

四、操作要点

（1）培养基的配制操作参考项目一。

（2）高压蒸汽灭菌锅的使用参考项目一。

乳品中乳酸菌检测（理论）

乳品中乳酸菌检测（操作）

练一练

1. MRS 琼脂培养基、改良 MRS 琼脂培养基和 MC 琼脂培养基分别培养哪种乳酸菌？请将它们正确连线。

MRS 琼脂培养基　　　　　　双歧杆菌

改良 MRS 琼脂培养基　　　　乳杆菌

MC 琼脂培养基　　　　　　　嗜热链球菌

2. MC 琼脂培养基中加中性红溶液的目的是什么？

3. 目前有很多生物试剂公司提供培养基成品，请在互联网上查找以上三种培养基，并写出它们的用法。

序号	品牌	品名	货号	用途	用法
1					
2					
3					

任务二
样品处理 ★

工作任务

我国的食品取样方案建议酸奶采样数量为 1 瓶或 1 罐，本任务将根据样品不同性状进行预处理和梯度稀释，经过预处理后制备成稀释液才能进行有关的各项检验。

任务目标

1. 能根据样品特点选择合适的采样及预处理方案。
2. 能根据方案对样品进行梯度稀释。

任务实施

一、样品的采集与处理

（1）样品的全部制备过程均应遵循无菌操作程序。

（2）无菌稀释液在试验前应在 36℃±1℃ 条件下充分预热 15～30min。

（3）冷冻样品可先使其在 2～5℃ 条件下解冻，时间不超过 18h，也可在温度不超过 45℃ 的条件下解冻，时间不超过 15min。

（4）固体和半固体食品。以无菌操作称取 25g 样品，置于装有 225mL 无菌生理盐水的无菌均质杯内，于 8000～10000g 均质 1～2min，制成 1∶10 样品匀液；或置于 225mL 无菌生理盐水的无菌均质袋中，用拍击式均质器拍打 1～2min 制成 1∶10 的样品匀液。

（5）液体样品。液体样品应先将其充分摇匀后以无菌吸管吸取样品 25mL 放入装有 225mL 无菌生理盐水的无菌锥形瓶（瓶内预置适当数量的无菌玻璃珠）或无菌均质袋中，充分振摇或用拍击式均质器拍打 1～2min，制成 1∶10 的样品匀液。

二、稀释及培养

（1）用 1mL 无菌吸管或微量移液器吸取 1∶10 样品匀液 1mL，沿管壁缓慢注于装有 9mL 无菌生理盐水的无菌试管中（注意吸管或微量移液器吸头尖端不要触及稀释液），振摇试管或换用 1 支无菌吸管反复吹打使其混合均匀，制成 1∶100 的样品匀液。

（2）另取 1mL 无菌吸管或微量移液器吸头，按上述操作顺序，做 10 倍递增样品匀液，每递增稀释一次，即换用 1 次 1mL 无菌吸管或吸头。

练一练 ▶▶▶

1. 某食品检验机构将对某乳业的酸奶制品进行抽检，重点检查其乳酸菌总数是否符合国标要求。

（1）固体和半固体食品：以无菌操作称取_____g 样品，置于装有 225mL _____

的无菌均质杯内，于 8000～10000g 均质 1～2min，制成_____样品匀液。

（2）液体样品：液体样品应先将其充分摇匀后以无菌吸管吸取样品 25mL 放入装有 225mL _____ 的无菌锥形瓶（瓶内预置适当数量的无菌玻璃珠）或无菌均质袋中，充分振摇或用拍击式均质器拍打 1～2min，制成_____的样品匀液。

2. GB 19302—2010《食品安全国家标准 发酵乳》中对乳酸菌的限量指标是_____。

3. 如果某发酵乳产品含乳酸菌活菌数为 $\geqslant 1\times 10^8$ CFU/mL，能够推导出需要进行哪几个梯度的稀释吗？最终应该选择哪几个稀释度进行检测呢？请试着画出稀释流程图，要求最终平板菌数包含 30～300CFU。

任务三
样品检验 ★★

工作任务

培养基、试剂等准备好之后,就进入到乳酸菌检测环节,此时,要根据样品中所包含乳酸菌菌属,选择适宜的培养条件,开展检测。

任务目标

1. 能根据所选择的发酵乳产品,确定乳酸菌计数的培养条件。
2. 能依据培养步骤,开展乳酸菌总数、双歧杆菌数量、嗜热链球菌计数和乳杆菌计数的检测工作。

任务实施

一、乳酸菌总数计数培养条件的选择及结果说明表

请对照 GB 4789.34 和 GB 4789.35,解读国家标准,参照表 6-3 完成实验方案。

表 6-3 乳酸菌总数计数培养条件的选择及结果说明

样品中所包括乳酸菌类别	培养条件的选择及结果说明
仅包括双歧杆菌属	按 GB 4789.34—2016《食品安全国家标准 食品微生物学检验 双歧杆菌检验》执行
仅包括乳杆菌属	按照"四、乳杆菌计数"操作,厌氧培养。结果即为乳杆菌属总数
仅包括嗜热链球菌	按照"三、嗜热链球菌计数"操作,结果即为嗜热链球菌数
同时包括双歧杆菌属和乳杆菌属	(1) 按照"四、乳杆菌计数"操作,结果即为乳酸菌总数; (2) 如需单独计数双歧杆菌属数目,按照"二、双歧杆菌计数"操作
同时包括双歧杆菌属和嗜热链球菌	(1) 按照"二、双歧杆菌计数"和"三、嗜热链球菌计数"操作,二者结果之和即为乳酸菌总数; (2) 如需单独计数双歧杆菌属数目,按照"二、双歧杆菌计数"操作
同时包括乳杆菌属和嗜热链球菌	(1) 按照"三、嗜热链球菌计数"和"四、乳杆菌计数"操作,二者结果之和即为乳酸菌总数; (2) "三、嗜热链球菌计数"结果为嗜热链球菌总数; (3) "四、乳杆菌计数"结果为乳杆菌属总数
同时包括双歧杆菌属,乳杆菌属和嗜热链球菌属	(1) 按照"三、嗜热链球菌计数"和"四、乳杆菌计数"操作,二者结果之和即为乳酸菌总数; (2) 如需单独计数双歧杆菌属数目,按照"二、双歧杆菌计数"操作

二、双歧杆菌计数

根据对待检样品双歧杆菌含量的估计,选择 2~3 个连续的适宜稀释度,每个稀释度吸取 1mL 样品匀液于无菌培养皿中,每个稀释度做两个培养皿。稀释液移入培养皿后,将冷

却至 48～50℃的莫匹罗星锂盐和半胱氨酸盐酸盐改良 MRS 琼脂培养基倾注入培养皿 15～20mL，转动培养皿使混合均匀。培养基凝固后倒置于 36℃±1℃厌氧培养，根据双歧杆菌生长特性，一般选择培养 48h，若菌落无生长或生长较小可选择培养至 72h，培养后计数平板上的所有菌落数。从样品稀释到平板倾注要求在 15min 内完成。

三、嗜热链球菌计数

根据待检样品嗜热链球菌活菌数的估计，选择 2～3 个连续的适宜稀释度，每个稀释度吸取 1mL 样品匀液于无菌培养皿内，每个稀释度做两个培养皿。稀释液移入培养皿后，将冷却至 48～50℃的 MC 琼脂培养基倾注入培养皿 15～20mL，转动培养皿使混合均匀。培养基凝固后倒置于 36℃±1℃有氧培养，根据嗜热链球菌生长特性，一般选择培养 48h，若菌落无生长或生长较小可选择培养至 72h。嗜热链球菌在 MC 琼脂培养基平板上的菌落特征为：菌落中等偏小，边缘整齐光滑的红色菌落，直径 2mm±1mm，菌落背面为粉红色（图 6-4）。

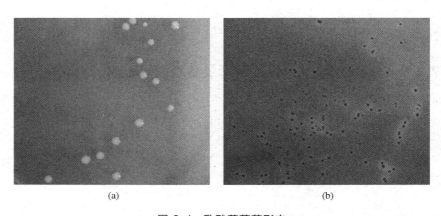

图 6-4　乳酸菌菌落形态
（a）乳酸菌在改良 MRS 培养基上菌落形态；（b）乳酸菌在 MC 琼脂平板上的菌落

四、乳杆菌计数

根据对待检样品活菌总数的估计，选择 2～3 个连续的适宜稀释度，每个稀释度吸取 1mL 样品匀液于灭菌培养皿中，每个稀释度做两个培养皿。稀释液移入培养皿后，将冷却至 48～50℃的 MRS 琼脂培养基倾注入培养皿 15～20mL，转动培养皿使其混合均匀。培养基凝固后倒置于 36℃±1℃厌氧培养，根据乳杆菌生长特性，一般选择培养 48h，若菌落无生长或生长较小可选择培养至 72h。从样品稀释到平板倾注要求在 15min 内完成。

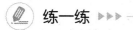

1.某发酵乳产品中含乳酸菌活菌数为 $\geqslant 1\times 10^6 CFU/mL$，其中的乳酸菌种类为嗜热链球菌和乳杆菌，请问要检测其乳酸菌总数、嗜热链球菌数量和乳杆菌数量，应该选择哪些培养基？培养条件是什么？请完成下表。

乳酸菌种类	培养基	培养条件
乳酸菌总数		
嗜热链球菌		
乳杆菌		

2. 嗜热链球菌在 MC 琼脂培养基表面的菌落形态是什么样的？

任务四
菌落计数与结果计算 ★

工作任务

经过培养，稀释得当的培养平板上会长出相应菌落。一般情况下，由单个细胞生长繁殖形成菌落，统计菌落数目，即可计算出样品中的含菌数。本任务需要完成以下任务。

(1) 对平板上菌落进行计数。

(2) 计算出待测样本中乳酸菌数量，并判定是否符合国标要求。

任务目标

1. 根据实验结果，会对培养平板上的菌落进行计数。
2. 根据计数结果，会计算出待测样本中乳酸菌数量，并判定是否符合国标要求。
3. 能对实验废弃物进行正确分类及处理。

任务实施

一、菌落计数

菌落计数规则和方法参见项目四中任务四的"一、菌落总数统计"。请将检测结果填入表 6-4 中。

二、结果计算

菌落计算方法参见项目四中任务四的"二、菌落总数计算"。并将计算结果填入表 6-4 中。

三、菌落数报告

报告规则参见项目四中任务四的"三、结果判断与报告"。并将报告结果填入表 6-4 中。

练一练 ▶▶▶

1. 菌落计数以_____表示。选取菌落数在_____之间、无蔓延菌落生长的平板计数菌落总数。低于_____的平板记录具体菌落数，大于_____的可记录为多不可计。每个稀释度的菌落数应采用两个平板的平均数。

2. 其中一个平板有较大片状菌落生长时，则不宜采用，而应以无片状菌落生长的平板作为该稀释度的菌落数；若片状菌落不到平板的一半，而其余一半中菌落分布又很均匀，即可_____，代表一个平板菌落数。

3. 当平板上出现菌落间无明显界线的链状生长时，则将每条单链作为_____计数。

4. 乳酸菌总数测定方法与菌落总数测定和霉菌、酵母菌检测有何不同？请分别从采样、培养基种类、培养基使用量、培养条件、菌落计数等方面列表说明。

项目六　乳品中乳酸菌检验

表 6-4　乳酸菌检测结果记录

样品名称		规格		样品编号	
检验标准		生产日期		检验日期	
检测对象	稀释度	接种量/mL	平板菌落数/CFU	平均数/CFU	空白对照/CFU	最后结果/(CFU/mL)

 任务拓展 ▶▶▶

乳酸菌的生化鉴定★★

乳酸菌的生化鉴定

拓展阅读 ▶▶▶

GB 4789.35《食品安全国家标准 食品微生物学检验 乳酸菌检验》新旧标准比较

相较于 GB 4789.35—2016 版本《食品安全国家标准 食品微生物学检验 乳酸菌检验》，GB 4789.35—2023 版本新标准在乳酸菌的定义、设备与材料、样品制备、培养条件、选做方法等方面均进行了较大的修改。乳酸菌检验过程中，稀释液的制备、包埋产品的样品前处理、厌氧培养实施等环节均存在一定难度，检验时需根据实际情况选择合适的实施方案。有必要对乳酸菌检验人员进行及时的培训，以保证新标准的顺利实施。

2023 年 9 月 6 日，国家卫生健康委员会、国家市场监督管理总局联合印发 2023 年第 6 号公告，公告明确《食品安全国家标准 食品微生物学检验 乳酸菌检验》（GB 4789.35—

2023)（简称新标准）将替代 GB 4789.35—2016（简称旧标准），新标准于 2024 年 3 月 6 日起正式实施。新标准较旧标准更加严谨、科学，其中变化最大的部分是新增实时荧光 PCR 方法作为选做方法，为乳酸菌的鉴定提供了新的检测依据。新版标准具体变化如下：

1. 修改了"2.1　乳酸菌的定义"

GB 4789.35—2023 参照国际标准化组织（International Organization for Standardization，ISO）的相关标准，进一步完善了乳酸菌定义，在乳酸菌的定义中增加了对乳酸菌生化现象的描述。旧标准只是描述了乳酸菌是一类可发酵糖主要产生大量乳酸的细菌的通称，主要为乳杆菌属、双歧杆菌属和嗜热链球菌。新标准则增加了对乳酸菌生化现象的描述：不能液化明胶、不产生吲哚、革兰氏阳性、无运动、无芽孢、触酶阴性、硝酸还原酶阴性及细胞色素氧化酶阴性反应的细菌。

2. 修改了"3　设备与材料"

增加培养所用的设备和材料：厌氧培养箱、厌氧罐、厌氧袋或能够提供同等厌氧效果的装置。根据新标准规定，双歧杆菌、乳杆菌需要厌氧培养，而厌氧培养方法的选择直接影响培养结果及报告。目前常见的厌氧培养是通过厌氧培养箱、厌氧培养罐、厌氧袋、Hungate 管、厌氧工作站等设施、设备提供厌氧培养环境。其中厌氧袋法是运用化学法消耗容器中的氧气生成二氧化碳和水，配套密封盒或密封袋使用的一次性厌氧培养方法。厌氧袋法的优点是购买门槛低、折包即用，缺点是容量有限、耗材费用高。常规检验量非常大时推荐厌氧培养箱，进行科研工作、经济允许的情况下可采用厌氧工作站，其他情况下可选厌氧培养罐、厌氧袋、Hungate 管等方法。

3. 修改了"4　培养基和试剂"

（1）针对现有稀释液对某些乳酸菌计数结果偏低的情况，修改了样品前处理时所用稀释液成分和温度。新标准用稀释液替代旧标准的生理盐水，稀释液主要成分为 0.85% NaCl 和 1.5% 胰蛋白胨，经验证，稀释液"生理盐水+1.5% 胰蛋白胨（37℃预热）"在乳酸菌检验中，计数结果优于其他稀释液，更有利于乳酸菌的复苏。

（2）修改 MRS 琼脂培养基和 MC 琼脂培养基部分成分含量。

4. 修改了"6.1　样品制备"

（1）增加稀释液在试验前应在（36±1）℃条件下充分预热 15～30min 的操作。

（2）液体样品处理步骤中，增加拍击式均质器拍打的操作。

（3）增加"6.16 经特殊技术（如包埋技术）处理的含乳酸菌食品样品应在相应技术或工艺要求下进行有效前处理"的操作。特殊技术（如包埋技术）处理的含乳酸菌食品样品经过有效前处理，其乳酸菌检验结果会更加准确。目前，乳酸菌包埋技术有很多，传统的包埋技术主要包括挤压法、冷冻干燥法和喷雾干燥法，前沿的包埋技术有乳化法、复合凝聚法和多层包埋技术等。不同包埋技术处理的乳酸菌产品需要不同的样品前处理方法。因此，在处理特殊技术（如包埋技术）处理的含乳酸菌样品之前，需要详细了解含乳酸菌样品的生产工艺，选择适当类型的稀释剂，要控制样品处理温度和时间，应尽可能减少对乳酸菌的损伤并使细胞活力得到最大限度的恢复，但要避免样品中的乳酸菌在样品前处理时发生增殖。

5. 修改了"6.3.2、6.3.3、6.3.4 中的培养条件"

（1）新标准要求倾注的培养基温度在 48～50℃，倾注的量在 15～20mL，与旧标准相比更方便实验操作。

（2）旧标准双歧杆菌、嗜热链球菌、乳杆菌统一选择（36±1）℃培养（72±2）h，而新标准则根据这3种菌的生长特性，选择（36±1）℃培养48h，若菌落无生长或生长较小可选择延长培养至72h，和旧标准相比节省了出报告的时间。

6.修改了"6.4 菌落计数、6.5 结果的表述、6.6 菌落数的报告"

旧标准"6.3 菌落计数、6.4 结果的表述、6.5 菌落数的报告"分别对菌落计数的规则、结果的表述方法、菌落数的报告规则进行了详细的说明；新标准由于GB 4789.2—2022结果计数及报告很详尽清晰，直接引用了GB 4789.2—2022中相关内容，可避免重复，使得新标准内容更加简洁。

7.增加了"8.2 第二法 实时荧光PCR法鉴定"作为选做方法

旧标准中"8 乳酸菌的鉴定（可选做）"只有生化鉴定方法，新标准增加了"8.2 第二法 实时荧光PCR法鉴定"，可鉴定常见的干酪乳杆菌、德氏乳杆菌保加利亚亚种、嗜酸乳杆菌、罗伊氏乳杆菌、鼠李糖乳杆菌、植物乳杆菌和嗜热链球菌，有较高的准确性和特异性，且检出限低于0.1ng/μL，可以根据需求选择适宜的检测方法。

工作报告

班级：　　　　　姓名：　　　　　学号：　　　　　等级：

工作任务	
任务目标	
流程图	
任务准备	

任务实施	
结果分析	
讨论反思	

学习成果总结

○ 学习评价表

序号	考核内容	考核要点	配分	评分标准	得分
1	材料准备	玻璃器皿、培养基的数量、包扎、灭菌	10	材料准备齐全，包扎娴熟，灭菌操作正确	
2	采样、样品稀释	样品处理、样品稀释	20	能够说出本组样品的采样方法，处理样品、稀释样品的操作规范	
3	检测	无菌操作，培养条件	15	无菌操作规范，培养条件符合标准	
4	菌落计数	准确进行菌落计数	15	能准确完成平板菌落计数	
5	菌落计算与报告	计算过程，结果报告	10	能正确计算菌落，规范准确报告数据	
6	实验废弃物处理	实验台面清理及废弃物分类	10	能及时整理好实验仪器、耗材，清理实验台面，并对实验废弃物进行分类处理，对实验室环境进行消杀	
7	工作态度	精神面貌及用心程度	10	工作认真仔细，一丝不苟	
8	团队合作	团队运行状态和组织情况	10	团队成员互帮互助，配合默契	
		合计	100		

○ 导图输出

请尝试用思维导图对本项目的理论和技能点进行整理、归纳。

○ 学习反馈

● 学习成果小结
☐ 能读懂国标 GB 4789.35—2023
☐ 能准备实验器材、试剂
☐ 能对样品进行预处理和稀释
☐ 能进行检测试验并判断结果
☐ 能给出检测结果
☐ 能安全操作,处理实验废弃物

● 重难点总结
你可以整理一下本项目的重点和难点吗?请分别列出它们。

重点 1.

重点 2.

重点 3.

难点 1.

难点 2.

难点 3.

● 收获与心得

1. 通过项目六的学习,你有哪些收获?

2. 在规定的时间内,你的团队完成任务了吗?实际完成情况怎么样?

3. 在任务实施的过程中,你和团队成员遇到了哪些困难?你们的解决方案是什么?

4. 在任务实施的过程中,你和团队成员有过哪些失误?你们从中学到了什么?

5. 在项目学习结束时还有哪些没有解决的问题?

6. 对照评分表看看自己可以得到多少分数吧。

创新训练营

霉菌和酵母菌计数是指食品检样经过处理，在一定条件下培养后，所得1g或1mL检样中所含的霉菌和酵母菌菌落数（粮食样品是指1g粮食表面的霉菌总数）。

酵母菌和霉菌广泛分布于自然环境中，食品主要因接触空气和不清洁的器具而被污染。虽然有些酵母菌和霉菌可供制造食品时作为发酵菌剂，但对某些食品来说，也可以因酵母菌或霉菌而引起变质败坏。酵母菌和霉菌能利用一些果胶和一些糖类、有机酸类、蛋白质和脂类。一些酸性高的，含水分低的，或含有高盐或高糖的食品发生变质，往往是由于酵母菌或霉菌所引起的，即使这些食品一般储藏于低温的环境中，也同样会发生变质。有时，一些食品经照射处理后，已不利于细菌的繁殖，但对酵母菌和霉菌来说，并不影响它们的生长繁殖。

有些霉菌的有毒代谢产物会引起各种急性和慢性中毒，特别是某些霉菌毒素具有强烈的致癌性，一次大量或长期少量摄入，均能诱发癌症。因此，对食品中的霉菌和酵母菌进行检验，在食品卫生学上具有重要的意义，可作为判定食品被污染程度的标志，以便在被检样品进行卫生学评价时提供依据。

食品中霉菌和酵母菌计数依据GB 4789.15—2016《食品安全国家标准 食品微生物学检验 霉菌和酵母计数》开展检验，检验程序如图1。本次任务难度为★★星，下面就让我们开始吧。

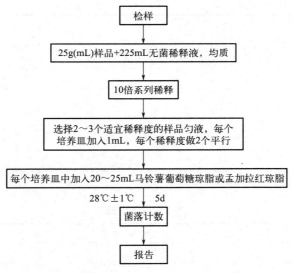

图1 霉菌和酵母菌平板计数法的检验程序

发酵乳中霉菌和酵母菌计数★★

1.任务清单

（1）按照GB 4789.1—2016《食品安全国家标准 食品微生物学检验 总则》确定抽样方案。

（2）按照GB 4789.15—2016《食品安全国家标准 食品微生物学检验 霉菌和酵母计数》进行样品的稀释与菌落总数测定。

（3）按照 GB 19302—2010《食品安全国家标准 发酵乳》规定的微生物限量标准判断样品是否合格，并出具检测报告。

霉菌酵母菌检验（理论）

霉菌酵母菌检验（操作）

2. 材料

（1）实验试剂

按 GB 4789.15—2016 附录 A 中规定配制。配制方法如下。

① 马铃薯-葡萄糖-琼脂培养基，配方见表1。

表1　培养基配方

组分	×100mL	×_____mL
马铃薯（去皮切块）	30g	
葡萄糖		
琼脂		
氯霉素		
蒸馏水	100mL	

配制方法：_____
_____

② 无菌生理盐水_____mL。

组分及配制方法：_____
_____

（2）仪器设备，见表2。

表2　仪器设备

仪器名称	规格/型号	厂家
移液器		
超净工作台		
酒精灯		
电子天平（精确至0.1g）		
高压蒸汽灭菌锅		
冰箱		
微波炉		
恒温水浴锅		
恒温培养箱		
旋涡混合器		

(3) 耗材，见表3。

表3 实验耗材

耗材名称	规格/型号	数量
无菌吸头	1mL	
无菌吸管	10mL	
无菌锥形瓶	250mL	
无菌培养皿	$\phi=90$mm	
无菌试管	18mm×180mm	
废液缸	—	
记号笔	—	

3. 方法

(1) 抽样方案　参照 GB 4789.1—2016 执行，_____
_____
_____

(2) 样品采样与稀释　参照 GB 4789.15—2016 执行，_____
_____
_____

(3) 稀释倒平板法分离 _____
_____
_____
_____
_____

(4) 培养 _____
_____
_____
_____

(5) 菌落计数　参照 GB 19302—2010 执行，_____
_____
_____
_____
_____

4. 结果报告

(1) 检测结果

请将检测记录与结果填入表4和表5中。

表4 发酵乳中霉菌检测记录表

样品名称		规格		样品编号	
检验标准		生产日期		检验日期	
稀释度	接种量/mL	平板菌落数/CFU	平均数/CFU	空白对照/CFU	最后结果/(CFU/mL)

表5 发酵乳中酵母菌检测记录表

样品名称		规格		样品编号	
检验标准		生产日期		检验日期	
稀释度	接种量/mL	平板菌落数/CFU	平均数/CFU	空白对照/CFU	最后结果/(CFU/mL)

（2）报告结果

将 GB 19302—2010《食品安全国家标准 发酵乳》规定的微生物限量标准填入表6中。

表6 发酵乳微生物限量

项目	采样方案及限量/（CFU/mL）				检验方法
	n	c	m	M	
酵母≤					
霉菌≤					

根据 GB 19302—2010 判断，_____

_____

_____

项目七
环境微生物检验

课前导学

情景导入 ▶▶▶

微生物体积小、种类多，适应能力强，"无孔不入"，易于传播，只要生活条件合适就可以迅速繁殖，环境中存在的微生物种类和数量可以用来反映环境质量。生产环境的微生物监测对于产品和消费者安全来说至关重要，食品、药品、日用品等可因生产过程中的不清洁表面、污染的空气、病菌感染者未隔离等原因而受到污染。因此，在生产过程中，环境监测是保持生产工厂清洁、最大限度地减少污染风险的关键性措施。生产环境微生物的检验主要包括对水质、空气、工作台表面与工人手表面的检验。

在本项目中，我们将学习环境中微生物的检验方法，包括饮用水中细菌总数和大肠菌群的检验，生产车间空气中微生物的测定，工作台表面与工人手表面微生物的检验。

学习目标 ▶▶▶

1. 知识目标
（1）了解水样采集与运输的方法与要求；
（2）了解空气微生物的分布、数量和卫生标准；
（3）了解空气样品采集与运输的方法。

2. 能力目标
（1）能够选用合适的方法检验空气中微生物的数量，并判断空气质量；
（2）能够检验水中的细菌总数和大肠菌群数，并判断水质优劣；
（3）能够检验物品及皮肤表面微生物数量，并判断相关场所的微生物污染状况。

3. 素质目标
（1）具备严谨规范、精益求精的工匠精神；

（2）具备爱岗敬业、诚实守信的职业品质；
（3）形成善于发现问题、分析问题、解决问题的能力。

学习导航

1.请利用互联网查找和环境微生物相关的标准，如 GB 15979—2002《一次性使用卫生用品卫生标准》、GB 37488—2019《公共场所卫生指标及限值要求》、GB/T 16294—2010《医药工业洁净室（区）沉降菌的测试方法》、GB 14881—2013《食品安全国家标准 食品生产通用卫生规范》、GB 19304—2018《食品安全国家标准 包装饮用水生产卫生规范》、GB 5749—2022《生活饮用水卫生标准》、GB 5084—2021《农田灌溉水质标准》，GB 11607—1989《渔业水质标准》等；

2.环境微生物的检验包括哪几个方面？常见的检验对象有哪些？其中涉及的检验方法会用到我们之前学习的哪些技能呢？有哪些内容是之前没有接触过的？

请结合图 7-1 的学习导航图的任务（图中星号★的数量对应着任务的难度），开始本项目的学习吧！

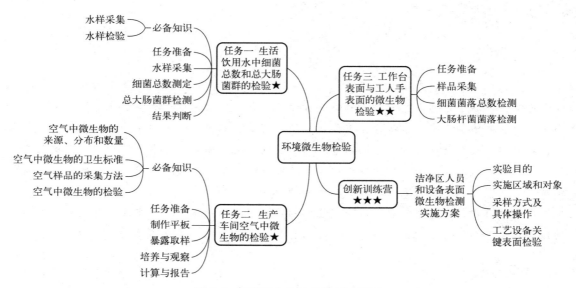

图 7-1 环境微生物检验学习导航图

> 项目实施

任务一
生活饮用水中细菌总数和总大肠菌群的检验 ★

> 工作任务

水一直是人类生产和生活必需的资源,当水体受人类生活污水或工业废水污染时,水中微生物会大量增加,必须对其例行监测。但不同来源、不同大环境下水中微生物的存在状态存在差异,需要根据实际情况对水源的卫生指标、致病菌进行有选择地检验,其中最常用的指标是水中细菌总数、总大肠菌群和耐热大肠菌群。

本任务意在通过对饮用水中细菌总数和总大肠菌群的检验,了解水样采集处理与常规检验方法,并根据检验结果判断水质质量。

> 任务目标

1. 能按照要求准备检验试剂、耗材。
2. 能够进行生活饮用水中细菌总数和总大肠菌群测定。
3. 能根据饮用水卫生标准判断水质质量。

> 必备知识

一、水样的采集

水中含有大量的细菌,因此进行水的微生物检验,在保证饮水和食品安全及控制传染病上具有十分重要的意义。水样的采集与处理方法如下。为了反映真实水质,采样需无菌操作,检验前应防止杂菌污染。

1. 注意无菌操作

为防止杂菌混入,盛水容器在采样前须洗刷干净,并进行高压蒸汽灭菌。采样后应立即用硅胶塞塞好瓶口,以备检验。

2. 不同来源水样的采集

(1) 取自来水时,需先用清洁布将水龙头擦干,再用酒精灯灼烧水龙头灭菌,然后把水龙头完全打开,放水 5~10min 后再将水龙头关小,采集水样。经常取水的水龙头放水 1~3min 即可采集水样。

(2) 采取江、湖、河、水库、蓄水池、游泳池等地面水源的水样时,一般在居民常取水的地点采取,应先将无菌采样器浸入水下 10~15cm 处,井水在水下 50cm 深处,然后掀起瓶塞采集水样,流动水区应分别采取靠岸边及水流中心的水(图 7-2)。

(3) 采取经氯处理的水样(如自来水、游泳池水)时,应在采样前按每 500mL 水样加入硫代硫酸钠 0.03g 或 1.5% 的硫代硫酸钠水溶液 2mL,目的是作为脱氧剂除去残余的氯,

图 7-2　长江科学院科考队员在莫曲大桥上采集水样

避免剩余氯对水样中细菌的杀害作用，从而影响结果的可靠性。

3. 水样保存与运输

（1）水样采取后，应于 2h 内送到检验室。若路途较远，应连同水样瓶一并置于 6～10℃ 的冰箱内运送，运送时间不得超过 6h，洁净的水最多不超过 12h。水样送到后，应立即进行检验，如条件不允许，可将水样暂时保存在冰箱中，但不能超过 4h。

（2）运送水样时应避免玻璃瓶摇动，以防水样溢出后又回流瓶中，增加污染。

（3）检验时应将水样摇匀。

二、水样的检验

1. 细菌总数

细菌总数是指将 1mL 水样（原水样或经稀释的水样）放在营养琼脂培养基上，于 37℃ 培养 24h 后，所生长的细菌菌落总数。细菌总数指标具有相对的卫生学意义。细菌总数越高，表示水体受有机物或粪便污染程度越重，被病原菌污染的可能性亦越大。水体中测得的细菌总数较高或增大，说明该水体受有机物或粪便污染，但不能说明污染物的来源，也不能判断病原微生物是否存在。

2. 总大肠菌群

总大肠菌群是指一群在 37℃ 培养，24h 内能发酵乳糖、产酸产气、需氧和兼性厌氧的革兰氏阴性无芽孢杆菌。总大肠菌群检验方法简单易行，是较为适宜的粪便污染指示菌。

根据 GB/T 5750.12—2023《生活饮用水标准检验方法 第 12 部分：微生物指标》，总大肠菌群可采用多管发酵法、滤膜法或酶底物法检验，其中常用的多管发酵法可适用于各种水样的检验，但操作烦琐，需要时间长。滤膜法仅适用于自来水和深井水的检验，操作简便、快速，但不适用于杂质太多、易于阻塞滤孔的水样。

① 多管发酵法。亦称发酵法或三管发酵法。用不同稀释度的样品分别接种乳糖胆盐发酵培养基（或其他乳糖发酵培养基）数管。培养 24h 后，观察培养结果。若观察到乳糖发酵、产酸、产气，为阳性反应。记下阳性反应的试管数，查专用统计表求出大肠杆菌的最可能数（MPN）。

② 滤膜法。用孔径为 $0.45\sim 0.65\mu m$ 的微孔滤膜，抽取一定数量的水样，使水样中的细菌截留在滤膜上。然后，将滤膜贴在选择性培养基上，培养后直接计数滤膜上的大肠菌落，算出每 100mL 水样中含有的总大肠菌群数。

任务实施

一、任务准备

1. **仪器、器皿准备**

请对照下表准备所需物品,并在准备好的物品前面打钩:

- ☐ 无菌采样瓶　　　　　　　☐ 无菌吸管
- ☐ 恒温水浴锅　　　　　　　☐ 无菌培养皿
- ☐ 恒温培养箱　　　　　　　☐ 显微镜
- ☐ 载玻片　　　　　　　　　☐ 盖玻片

2. **试剂与供试品**

请对照下表准备所需试剂,并在准备好的试剂前面打钩:

- ☐ 营养琼脂培养基　　　　　☐ 乳糖蛋白胨培养液
- ☐ 二倍浓缩乳糖蛋白胨培养液　☐ 伊红美蓝培养基
- ☐ 硫代硫酸钠溶液　　　　　☐ 香柏油
- ☐ 二甲苯　　　　　　　　　☐ 革兰氏染色液

请查找配方,写出培养基的配制方法并计算用量:

√　营养琼脂培养基

成分	×1L	×_____ L

制法:

二、水样采集

（1）在采样瓶中添加 1mL 3‰ $Na_2S_2O_3$ 溶液，高压蒸汽灭菌。

（2）采样时先用火焰灼烧自来水龙头 3min，然后打开水龙头排水 5min 以排除管道内积存的死水，再用无菌采样瓶接取水样 500mL。

请记录样品来源，采样时间、地点等信息：

三、细菌总数测定（平皿计数法）

以无菌操作方法用无菌吸管或移液器吸取 1mL 水样，注入无菌平皿中，倾注约 15mL 已融化并冷却到 45℃ 左右的营养琼脂培养基，并立即旋摇平皿使水样与培养基充分混匀。每次检验时应做一平行接种，同时另用一个平皿做空白对照。

请写出设置空白对照的实验方法：

1. 培养

待琼脂培养基凝固后，翻转平皿，底面向上，置于 36℃±1℃ 恒温培养箱内培养 48h±2h。

2. 计数

进行菌落计数，即为 1mL 水样中的细菌总数。

细菌菌落的计数与计算方法还记得吗？如果遇到片状或链状菌落该如何计数，请写出：

3. 计算方法

由于每个稀释度设置了 2 个平皿，计数结果该如何进行计算呢，请写出：

请设计表格将实验结果进行记录：

四、总大肠菌群测定（多管发酵法）

1. 乳糖发酵试验

用无菌吸管或移液器吸取 10mL 水样接种到 10mL 二倍浓缩乳糖蛋白胨培养液中，取 1mL 水样接种到 10mL 乳糖蛋白胨培养液中。另取 1mL 水样注入到 9mL 无菌生理盐水中，混匀后取 1mL（即 0.1mL 水样）注入到 10mL 乳糖蛋白胨培养液中，每一稀释度接种 5 管。

将接种管置于 36℃±1℃恒温培养箱内，培养 24h±2h，如所有乳糖蛋白胨培养管都不产气产酸，则可报告为总大肠菌群未检出，如有产酸产气者，则按下列步骤进行。

2. 分离培养

将产酸产气的发酵管分别转种在伊红美蓝琼脂平板上，于 36℃±1℃恒温培养箱内培养 18~24h，观察菌落形态，挑取符合下列特征的菌落进行革兰氏染色镜检。①深紫黑色、具有金属光泽的菌落；②紫黑色、不带或略带金属光泽的菌落；③淡紫红色、中心较深的菌落。

3. 证实试验

经上述染色镜检为革兰氏阴性无芽孢杆菌，同时接种乳糖蛋白胨培养液，置于 36℃±1℃恒温培养箱中培养 24h±2h，有产酸产气者，即证实有总大肠菌群存在。

4. 试验数据处理

根据证实为总大肠菌群阳性的管数，查 MPN 表，报告每 100mL 水样中的总大肠菌群 MPN 值。如所有乳糖发酵管均为阴性时，可报告总大肠菌群未检出。

请设计表格记录实验结果：

五、结果判断

（1）根据试验结果报告所检验水样的细菌总数。

（2）根据试验结果报告 100mL 大肠菌群发酵阳性管数，并报告每升自来水中总大肠菌群数。

 练一练 ▶▶▶

从自来水水样细菌总数和总大肠菌群数检验结果判断样品是否符合饮用水的卫生标准。饮用水、水源水、游泳池水卫生标准见表 7-1。

表 7-1 饮用水、水源水、游泳池水卫生标准

用途		菌落总数/mL	大肠菌群/100mL
饮用水		≤100 CFU	1L 水≤3 CFU
水源水	准备加氯消毒后供饮用的水	—	≤1000 CFU
	准备净化处理及加氯消毒后供饮用的水	—	≤10000 CFU
游泳池水		≤1000 CFU	≤100 CFU

请对本次检验水样中细菌总数和总大肠菌群结果进行判断：

任务二
生产车间空气中微生物的检验 ★

工作任务

本任务将通过沉降法测定空气中微生物数量,并计算每立方米空气中微生物的数量。

任务目标

1. 能根据需求准备实验仪器、试剂。
2. 掌握沉降法检验空气中微生物的基本流程与操作。
3. 能根据试验结果分析空气质量。

必备知识

一、空气中微生物的来源、分布和数量

1. 空气中微生物的来源

空气中微生物来源很多,如尘土飞扬可将土壤中的微生物带至空中;小水滴飞溅可将水中微生物带至空中;人和动物身体的干燥脱落物、呼吸道、口腔内含微生物的分泌物可通过咳嗽、打喷嚏等方式飞溅到空气中。室外空气中微生物数量与环境卫生状况、环境绿化程度等有关。室内微生物数量与人员密度和活动情况、空气流通程度关系很大,也与室内卫生状况有关。

空气中微生物没有固定类群,在空气中存活时间较长的主要有芽孢杆菌、霉菌和放线菌的孢子、野生酵母菌、原生动物及微型后生动物的胞囊。

2. 空气中微生物的分布和数量

空气中微生物的地域分布差异很大(表7-2),在公共场所、医院、宿舍、城市街道等尘埃多的空气中,微生物的含量较高;而在海洋、高山、高空、森林等尘埃较少的空气中,微生物的含量较少,甚至无菌。此外,空气中微生物的数量和种类还受温度、季节等多种因素的影响。

表 7-2 空气中微生物的地域分布

地区	空气含菌数/(个/m^3)	地区	空气含菌数/(个/m^3)
畜舍	1000000~2000000	公园	200
宿舍	20000	海面上	1~2
城市街道	5000	北极	0~1
医院	700~1100	教室	2500
实验室	200	办公室	1400

二、空气中微生物的卫生标准

目前，空气还没有统一的卫生标准。目前主要参考医药行业《药品生产质量管理规范》（2010年版）中把空气洁净度等级分为A、B、C、D四级，来对食品行业空气进行等级划分，如表7-3所示。根据GB 50457—2019《医药工业洁净厂房设计标准》定义，空气洁净度是以单位体积空气中某种微粒的粒子数量和微生物的数量来区分的空气洁净程度。用于评价空气洁净度，常用的指标为悬浮粒子、沉降菌、浮游菌等。其中浮游菌指医药洁净室内悬浮在空气中的活微生物粒子，通过专门的培养基，在适宜的条件下，繁殖到可见的菌落数。沉降菌指用特定的方法收集医药洁净室内空气中的活微生物粒子，通过专门的培养基，在适宜的条件下，繁殖到可见的菌落数。

表7-3 食品工厂不同生产区域和空气洁净度等级

洁净度级别	浮游菌 CFU/m^3	沉降菌（ϕ90mm）CFU/4h	表面微生物 接触（ϕ55mm）CFU/碟	表面微生物 5指手套 CFU/手套
A级	<1	<1	<1	<1
B级	10	5	5	5
C级	100	50	25	—
D级	200	100	50	—

三、空气样品的采集方法

空气样品的采集方法，常见的有直接沉降法、过滤法、气流撞击法。其中气流撞击法最为完善，这种方法能较准确地表示出空气中细菌的真正含量。

1. 直接沉降法

将琼脂平板或血琼脂平板放在待测点（通常设5个待测点），打开皿盖暴露于空气5~10min，以待空气中的微生物降落在平板表面上。

2. 过滤法

过滤法用于测定空气中的浮游微生物，主要是浮游细菌。该法将一定体积的含菌空气通入无菌蒸馏水或无菌液体培养基中，依靠气流的洗涤和冲击使微生物均匀分布在介质中，然后取一定量的菌液接种于琼脂平板上，培养并计数（图7-3）。再以菌液体积和通入空气量计算出$1m^3$空气中的细菌数。

3. 气流撞击法

气流撞击法需要特殊仪器，如布尔济利翁仪器及克罗托夫仪器等，较为常见的是克罗托夫仪器，它包括三个连接部分：①选取空气样品的部分；②微气压计；③电气部分（见图7-4）。

如图7-4所示，将琼脂平板置于仪器主要部分的圆盘上，然后将仪器密闭，启动开关后，通风机以4000~5000r/min旋转，空气由楔形孔隙被吸入，并撞击在琼脂平板的表面。由于空气的旋流，使带有平皿的圆盘产生低速转动，使细菌在培养基表面均匀散布。每分钟的空气量可用微气压计测知，空气流量的大小可通过电气部分加以调节。

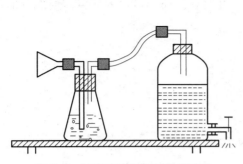

图 7-3 过滤法收集空气样品装置

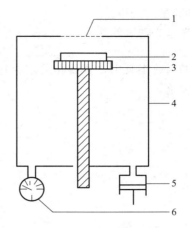

图 7-4 克罗托夫缝隙采样器
1—楔形孔隙；2—平皿；3—圆盘；4—密封圆筒；
5—抽气机；6—压力表

四、空气中微生物的检验

评价空气的洁净程度需要测定空气中的微生物数量和空气污染微生物，通常是测定 $1m^3$ 空气中的细菌数和空气污染的标志菌（溶血性链球菌和绿色链球菌），在必要时则测病原微生物。空气体积大、菌数相对稀少，并因气流、日光、温度、湿度和人、动物的活动，使细菌在空气中的分布和数量不稳定，即使在同一室内，分布也不均匀，检验时常得不到精确的结果。

1. 空气中菌落总数的测定

空气中菌落总数的测定选用普通营养琼脂培养基，按上述方法取样，经培养后计数。根据试验认为培养一般细菌和测定细菌总数以 31～32℃，培养 24h 或 48h 为宜。

2. 空气中链球菌的检验

链球菌的检验可应用上述空气中菌落总数采集三种方法的任意一种，只要用血琼脂平板代替普通琼脂平板即可。一般用血琼脂平板做直接沉降法检验，经培养后，计算培养基上溶血性链球菌和绿色链球菌数，经涂片，革兰氏染色，镜检证实。

3. 空气中霉菌的检验

空气中霉菌的检验，可用马铃薯琼脂培养基或玉米粉琼脂培养基暴置在空气中做直接沉降法检验，25～27℃ 培养 3～5d 计算霉菌菌落数。

任务实施

一、任务准备

1. 仪器、器皿准备

请把要用到的物品补充完整，可以的话将需要的数量一并标出：
- ☐ 无菌锥形瓶　　　　　　　☐ 无菌吸管
- ☐ 无菌平皿　　　　　　　　☐
- ☐　　　　　　　　　　　　☐

2. 培养基
  □ 营养琼脂培养基   □ 玫瑰红钠琼脂培养基

请利用网络或工具书,查找相关培养基配制方法,并写在下面。可以的话将需要准备的体积一并写出:

二、制作平板

加热熔化营养琼脂培养基、玫瑰红钠琼脂培养基,每种培养基各制备2皿。

三、暴露取样

在指定的地点取两种平板置采样点(约桌面高度),打开皿盖,按分配好的时间在空气中暴露5min或10min。时间一到,立即合上皿盖。

室内面积不超过$30m^2$,在对角线上设里、中、外3点,注意里、外位置距墙1m;室内面积超过$30m^2$,设东、西、南、北、中5点,注意周围4点距墙1m。

四、培养与观察

将培养皿倒转,营养琼脂平板于35℃培养48h,观察结果,计数平板上细菌菌落数。

玫瑰红钠琼脂平板于25℃培养7d,分别于3d、5d、7d观察,计数平板上的菌落数,如果发现菌落蔓延,以前一次的菌落数为准。

五、计算与报告

根据奥氏公式计算$1m^3$空气中微生物的数量,并判断车间空气是否符合卫生标准。

$$Y_1 = A \times 50000/S_1 \times t$$

式中　Y_1——空气中细菌/真菌菌落总数,CFU/m^3;
　　　A——平板上平均细菌/真菌菌落数,CFU;
　　　S_1——平板面积,cm^2;
　　　t——暴露时间,min。

练一练

1. 请将下列培养基和适合培养的微生物进行连线。

牛肉膏蛋白胨培养基　　　　　　真菌
高氏1号培养基　　　　　　　　细菌
马铃薯蔗糖培养基　　　　　　　放线菌
玫瑰红钠琼脂培养基

2.请利用网络查阅以下文件，进一步了解洁净区环境检验操作流程。文件名如下：

GB/T 16294—2010《医药工业洁净室（区）沉降菌的测试方法》
GB/T 16293—2010《医药工业洁净室（区）浮游菌的测试方法》
GB/T 16292—2010《医药工业洁净室（区）悬浮粒子的测试方法》

任务三
工作台表面与工人手表面的微生物检验★★

工作任务

本任务将通过平板法测定工作台表面与工人手表面的细菌菌落总数、大肠杆菌菌落数量。

任务目标

1. 能根据需求准备实验仪器、试剂。
2. 掌握工作台表面与工人手表面微生物检验的基本流程与操作。

任务实施

一、任务准备

1. 仪器、器皿准备

请把要用到的物品补充完整，可以的话将需要的数量一并标出：

- ☐ 无菌锥形瓶
- ☐ 无菌平皿
- ☐ 5cm×5cm 无菌采样板
- ☐ 无菌吸管
- ☐ 无菌棉签
- ☐

2. 培养基与平板

- ☐ 营养琼脂培养基
- ☐ 无菌生理盐水
- ☐ 乳糖胆盐发酵管
- ☐ 伊红美蓝琼脂平板

请利用网络或工具书，查找相关培养基配制方法，并写在下面，可以的话将需要准备的体积一并写出：

二、样品采集

1. 工作台（机械器具）采样

将 5cm×5cm 无菌采样板放在被检物体表面，用浸有无菌生理盐水的棉签在其内涂抹 10 次，剪去手接触部分的棉棒，将棉签放入含 10mL 无菌生理盐水的采样管内送检。

2. 工人手采样

被检人五指并拢，用浸湿无菌生理盐水的棉签在右手指曲面，从指尖到指端来回涂擦10次，剪去手接触部分的棉棒，将棉签放入含10mL无菌生理盐水的采样管内送检。

三、细菌菌落总数检验

1. 倾注平皿法

以无菌操作，选择1~2个稀释度各取1mL样液分别注入无菌平皿内，每个稀释度做2个平皿，将已熔化冷却至45℃左右的营养琼脂培养基倾注入无菌平皿，每皿15~20mL，充分混匀。

2. 培养与计数

待琼脂凝固后，将平皿翻转，置（36±1）℃培养48h后计数。

3. 菌落计数

根据下列公式计算菌落数，并报告每$1cm^2$接触面中或每只手的菌落数。请将结果填入下表。

$$Y_2 = A/S_2 \times 10$$

$$Y_3 = A \times 10$$

式中 Y_2——工作台表面细菌菌落总数，CFU/m^2；

A——平板上平均细菌菌落数；

S_2——采样器面积，cm^2；

Y_3——工人手表面细菌菌落总数，CFU/只手。

测试部位	菌落数/CFU	平均值/CFU	采样面积/cm^2	测定结果/(CFU/cm^2)	评定标准/(CFU/cm^2)	结论

四、大肠杆菌菌落检验

1. 初检

用无菌移液管移取5mL样液，接种于2根50mL乳糖胆盐发酵管，置36℃±1℃培养24h，如不产酸也不产气，则报告为大肠菌群阴性（图7-5）。如产酸、产气，则划线接种于伊红美蓝琼脂平板，置36℃±1℃培养18~24h，观察菌落形态。

典型大肠杆菌菌落为边缘整齐的圆形菌落，颜色多为黑紫色或红紫色，表面光滑湿润，常具有金属光泽。见图7-6。

2. 复检

取疑似菌落1~2个做革兰氏染色镜检，同时接种乳糖胆盐发酵管，置36℃±1℃培养24h，观察产酸、产气情况。

若乳糖胆盐发酵管产酸、产气，在伊红美蓝琼脂平板上具典型大肠杆菌菌落特征，革兰氏染色为阴性的无芽孢杆菌，则报告样品检出大肠杆菌。

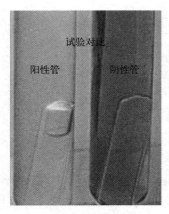 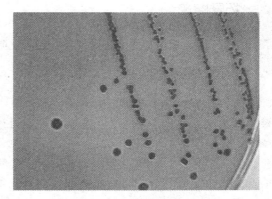

图 7-5　乳糖胆盐发酵管产酸、产气试验结果对比　　图 7-6　伊红美蓝琼脂平板上大肠杆菌菌落（见彩图）

练一练 ▶▶▶

1. 任务仅对大肠杆菌进行了定性检验，根据以前学习过的知识设计大肠杆菌定量检验方案。请写在下面。

2. 如果任务要求对致病菌金黄色葡萄球菌进行定性检验，你可以写出大概思路吗？

拓展阅读

生物芯片在环境微生物研究中的应用

一、生物芯片的简介

生物芯片技术于20世纪90年代初随着人类基因组计划的实施而兴起，成为高效、大规模获取生命相关信息的重要工具。该技术通过微加工和微电子技术，将大量信息集成在小型硅、玻璃或塑料芯片上，实现对基因、细胞、蛋白质等生物组分的快速准确分析。生物芯片包括基因芯片、蛋白芯片和芯片实验室，其中蛋白芯片通过蛋白质之间的亲和作用检测特定蛋白，而芯片实验室则将实验过程微缩到几平方厘米的芯片上，具备更高的信息量和处理速度，广泛应用于临床诊断、药物筛选和生命科学等领域。

二、生物芯片的原理

生物芯片技术是一种高效、快速的新技术，基于杂交测序技术。其基本原理是将大量生物分子（如核酸片段、多肽分子等）有序固化在支持物（如玻璃片、硅片等）的表面，形成二维分子排列。随后，这些芯片与已标记的靶分子进行杂交，最后通过专用的芯片扫描仪和相应软件进行数据分析。

三、生物芯片在环境微生物研究中的应用

1. 基因表达分析

基因表达分析通过mRNA检测微生物在生态环境中的功能活动，能够有效分析基因表达情况。例如，研究者对枯草芽孢杆菌进行了基因表达分析，揭示了其在孢子形成及生物合成过程中的反应。同时，基因芯片还可直接检测功能基因的表达，研究表明海洋沉积物和土壤中硝化和去硝化微生物种群的功能基因分布存在显著差异。此外，通过比较不同环境条件下的mRNA转录活性，研究者能够更深入了解微生物对外界胁迫的反应。

2. 比较基因组分析

比较基因组分析用于评估自然环境中微生物的遗传差异与相似性，DNA芯片被广泛应用于此类研究。通过基因杂交，研究者能够检测到其他微生物中相似的DNA序列，从而实现大范围的遗传比较。例如，采用含有31179个特异SSU rRNA基因的芯片，成功鉴定了多种细菌。此外，胶垫寡核苷酸基因芯片能够区分不同芽孢杆菌物种，为微生物分类和系统发育分析提供了重要工具。

3. 混合微生物群落的分析

混合微生物群落的分析旨在研究微生物群落的结构和功能，基因芯片在这一领域的应用显著提升了环境监测的效率。例如，基因芯片可用于检测水环境中的致病微生物，成功区分沙门菌、志贺氏菌和大肠杆菌。研究者还分析了湖泊中藻青菌的数量，并探讨了土壤微生物与植物病害之间的关系。通过对青藏高原和秦岭地区的土壤微生物功能基因进行研究，首次使用基因芯片揭示了相关基因的多态性及其对全球气候变化的响应。

工作报告

班级：　　　　姓名：　　　　学号：　　　　等级：

工作任务	
任务目标	
流程图	
任务准备	

任务实施	
结果分析	
讨论反思	

学习成果总结

○ **学习评价表**

序号	考核内容	考核要点	配分	评分标准	得分
1	材料准备	玻璃器皿、培养基的数量、包扎、灭菌	10	材料准备齐全，包扎娴熟，灭菌操作正确	
2	饮用水中微生物检验	操作流程、培养条件、结果判断	20	无菌操作规范，能正确进行采样、稀释操作，培养条件符合标准，能根据标准正确判断供试品微生物污染情况	
3	空气中微生物检验	操作流程、培养条件、结果判断	20	无菌操作规范，能正确进行采样、稀释操作，培养条件符合标准，能利用公式正确计算供试品微生物污染情况	
4	物品、工人手表面微生物检验	操作流程、培养条件、结果判断	20	无菌操作规范，能正确进行采样、稀释操作，培养条件符合标准，能对供试品表面微生物污染情况进行定性或定量判断	
5	实验废弃物处理	实验台面清理及废弃物分类	10	能及时整理好实验仪器、耗材，清理实验台面，并对实验废弃物进行分类处理，对实验室环境进行消杀	
6	工作态度	精神面貌及用心程度	10	工作认真仔细，一丝不苟	
7	团队合作	团队运行状态和组织情况	10	团队成员互帮互助，配合默契	
		合计	100		

○ **导图输出**

请尝试用思维导图对本项目的理论和技能点进行整理、归纳。

○ 学习反馈

● 学习成果小结 ☐ 能查阅环境微生物检验相关标准或规范 ☐ 能准备实验器材、试剂 ☐ 能进行生活饮用水中细菌总数和总大肠菌群测定，并判断水质质量 ☐ 能利用直接沉降法检验空气中微生物，并分析空气质量 ☐ 能进行工作台表面与工人手表面微生物检验，并判断卫生状况 ☐ 能安全操作，处理实验废弃物	● 重难点总结 你可以整理一下本项目的重点和难点吗？请分别列出它们。 重点1. 重点2. 重点3. 难点1. 难点2. 难点3.

● 收获与心得

1. 通过项目七的学习，你有哪些收获？

2. 在规定的时间内，你的团队完成任务了吗？实际完成情况怎么样？

3. 在任务实施的过程中，你和团队成员遇到了哪些困难？你们的解决方案是什么？

4. 在任务实施的过程中，你和团队成员有过哪些失误？你们从中学到了什么？

5. 在项目学习结束时还有哪些没有解决的问题？

6. 对照评分表看看自己可以得到多少分数吧。

创新训练营

表面微生物的测定是为了确定洁净区中物体（包括工作服）表面微生物污染的程度以及洁净区消毒的效果，除了用空气微生物取样来监测生产环境的微生物负荷外，表面监测也用来监测生产区域表面以及设备和与产品接触表面的微生物量，尤其是对洁净区操作人员定期进行微生物检验，可使操作人员切实执行清洁规范及个人卫生守则，避免人为因素污染产品。基本的监测方法有接触碟法和棉签擦拭法，须考虑取样的准确性和代表性，监测方法如下。

1. 接触碟法

（1）在无菌区域无菌操作，向无菌接触碟加入 50℃ 以下的培养基约 11mL，让培养基凸出接触碟口 1mm 高度，待凝固后盖上盖子，检验无菌后待用（图1）。

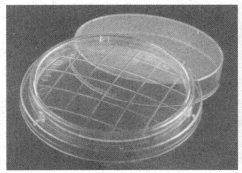

图1　接触碟

（2）将接触碟培养基表面与取样面直接接触，均匀按压接触碟底板，确保全部琼脂表面与取样点表面均匀充分接触 5~10s，盖盖培养，计算每个培养皿中的菌落数后按沉降菌检查法中的方法清洁培养皿。注意取样后立即用适当的消毒剂擦拭被取样表面，以除去残留琼脂。

2. 棉签擦拭法

本方法适用于接触碟法不适用的设备和不规则表面的取样，并提供定性或定量检验结果。棉签的种类可以选择棉质、涤纶等。具体方法参考本项目任务三。

下面让我们一起来学习一下企业洁净区人员和设备表面微生物检验实施方案，本次任务难度为3颗星（★★★）。

洁净区人员和设备表面微生物检验实施方案★★★

参考文献

[1] 叶磊，谢辉. 微生物检测技术 [M]. 2版. 北京：化学工业出版社，2016.
[2] 陈玮，董秀芹. 微生物学及实验实训技术 [M]. 北京：化学工业出版社，2007.
[3] 郝生宏，关秀杰. 微生物检验 [M]. 2版. 北京：化学工业出版社，2016.
[4] 雅梅. 食品微生物检验技术 [M]. 2版. 北京：化学工业出版社，2016.
[5] 万国福. 微生物检验技术 [M]. 北京：化学工业出版社，2019.
[6] 李俊伟，张翼宙. 医学类专业课程思政教学案例集 [M]. 北京：中国中医药出版社，2020.
[7] 国家药典委员会. 中国药典：四部 [S]. 北京：中国医药科技出版社，2020：1101-1107.
[8] 柴景亮. 微生物快检方法纸片法与平板计数法的对比研究 [J]. 食品安全导刊，2019 (18)：160-161.
[9] 仝伟建，祖新，段鹏，等. 国标法和纸片法做食品中菌落总数的对比 [J]. 甘肃科技纵横，2016，45 (12)：30-31+37.
[10] 王珍，陆雯，吴岳琴，等. 四种大肠菌群快速检测纸片质量考察 [J]. 现代食品，2019 (23)：138-142.
[11] 谢雪钦. 两种方法测定菌落总数和大肠菌群的比较研究 [J]. 食品工业，2015，36 (10)：283-285.
[12] 张亚丽. 简述食品中大肠杆菌的快速检测方法相关研究进展 [J]. 食品安全导刊，2020 (25)：67-69.
[13] 税丕容. 微生物检测在化妆品质量检验中的应用 [J]. 化工管理，2017 (22)：49.
[14] 高娜. 生物检测技术为食品安全搭起"防护网" [N]. 中国食品报，2022-03-23 (4).
[15] 成都生物研究所. 生物芯片在环境微生物研究中的应用 [EB/OL]. [2012-08-01]. https://www.cas.cn/kxcb/kpwz/201208/t20120801_3623470.shtml.
[16] 国家卫生和计划生育委员会，国家食品药品监督管理总局. 食品安全国家标准 食品微生物学检验 大肠菌群计数 GB 4789.3—2016 [S]. 北京：中国标准出版社，2016.
[17] 国家卫生健康委员会，国家市场监督管理总局. 食品安全国家标准 食品微生物学检验 菌落总数测定 GB 4789.2—2022 [S]. 北京：中国标准出版社，2022.
[18] 中华人民共和国卫生部. 食品安全国家标准 乳粉 GB 19644—2010 [S]. 北京：中国标准出版社，2010.
[19] 国家卫生健康委员会，国家市场监督管理总局. 食品安全国家标准 酱油 GB 2717—2018 [S]. 北京：中国标准出版社，2018.
[20] 国家食品药品监督管理总局. 化妆品安全技术规范（2015年版）[EB/OL]. [2015-12-23].
[21] 国家卫生健康委员会，国家市场监督管理总局. 食品安全国家标准 食品微生物学检验 乳酸菌检验 GB 4789.35—2023 [S]. 北京：中国标准出版社，2023.
[22] 中华人民共和国卫生部. 食品安全国家标准 发酵乳 GB 19302—2010 [S]. 北京：中国标准出版社，2010.
[23] 国家卫生和计划生育委员会. 食品安全国家标准 食品微生物学检验 霉菌和酵母计数 GB 4789.15—2016 [S]. 北京：中国标准出版社，2016.
[24] 李静雯，杜美红，杨寅，等. 不同粒径的免疫磁珠对食源性致病菌捕获效率的影响 [J]. 食品与生物技术学报，2020，39 (9)：46-52.
[25] 沈丽，金刚. 食品微生物检测新技术研究与应用进展 [J]. 广东化工，2024，51 (7)：147-150.
[26] 吕亚琪. 化妆品微生物指标检测方法的改进对策 [J]. 中国标准化，2024，(4)：168-170.
[27] 蔡亚洁，乌日娜，周津羽，等. 乳制品中有害微生物检测新技术研究进展 [J]. 食品安全质量检测学报，2024，15 (1)：41-47.
[28] 陈政霖，马春玄，邢新会，等. 微生物微培养系统研究现状与展望 [J]. 生物工程学报，2019，35 (7)：1151-1161.
[29] 朱冉，许华玉，张军. 中国药品微生物标准体系的建立与发展 [J]. 中国药品标准，2023，24 (6)：561-566.

(a) 大头针针尖
100μm

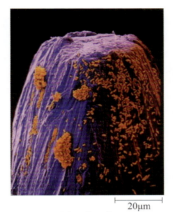
(b) 针尖上的细菌
20μm

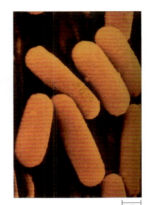
(c) 放大14000倍后的细菌
0.5μm

图 0-3　细菌和大头针针尖大小对比

图 0-5　美国黄石国家公园中大棱镜温泉的颜色受嗜热菌影响

图 1-3　伊红美蓝培养基上的大肠杆菌菌落

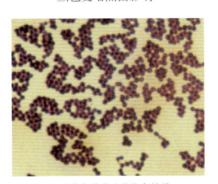
(a) 金黄色葡萄球菌染色结果

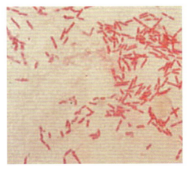
(b) 大肠杆菌染色结果

图 2-5　革兰氏染色结果

(a)

(b)

(c)

(d)

图 2-20　不同霉菌的菌落形态
（a）曲霉；（b）青霉；（c）毛霉；（d）根霉

(a) 细菌菌落　　　　(b) 放线菌菌落　　　　(c) 酵母菌菌落　　　　(d) 霉菌菌落

图 3-10　四大类微生物的菌落形态

(a) 30～300CFU平板　　　　(b) <30CFU平板　　　　(c) >300CFU平板

图 4-6　平板菌落数量案例

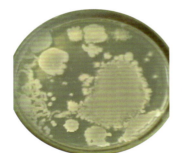 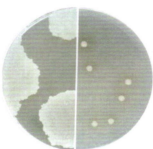 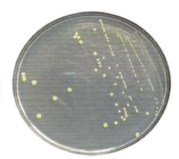

(a) 蔓延菌落　　　　(b) 混合菌落　　　　(c) 链状菌落

图 4-7　平板菌落特殊生长案例

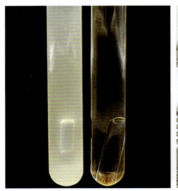  

　　　(a)　　　　　(b)

图 5-5　大肠菌群发酵试验产气情况

(a) 初发酵试验，月桂基硫酸盐胰蛋白胨（LST）肉汤中大肠菌群培养结果为培养基浑浊产气，非大肠菌群浑浊度为 0，不产气；
(b) 复发酵试验，煌绿乳糖胆盐（BGLB）肉汤中大肠菌群培养结果为培养基浑浊产气，非大肠菌群浑浊度为 0，不产气

图 7-6　伊红美蓝琼脂平板上大肠杆菌菌落